WEIDIANWANG

KONGZHI LILUN YU BAOHU FANGFA

微电网
控制理论与保护方法

肖雯娟　马小琴◎主编

海洋出版社

2023年·北京

图书在版编目(CIP)数据

微电网控制理论与保护方法 / 肖雯娟，马小琴主编. —北京：海洋出版社，2023.8
ISBN 978-7-5210-1138-8

Ⅰ. ①微… Ⅱ. ①肖… ②马… Ⅲ. ①电网—自动控制 ②电网—继电保护 Ⅳ. ①TM76②TM77

中国国家版本馆 CIP 数据核字(2023)第 134434 号

总 策 划：刘　斌
责任编辑：刘　斌
责任印制：安　淼
排　　版：海洋计算机图书输出中心　晓阳
出版发行：海洋出版社
地　　址：北京市海淀区大慧寺路 8 号
100081
经　　销：新华书店
技术支持：（010）62100055

发 行 部：（010）62100090
总 编 室：（010）62100034
网　　址：www.oceanpress.com.cn
承　　印：鸿博昊天科技有限公司
版　　次：2023 年 8 月第 1 版
2023 年 8 月第 1 次印刷
开　　本：787mm×1092mm　1/16
印　　张：13.75
字　　数：220 千字
定　　价：88.00 元

前　言

随着能源问题和环境问题的日益突出，发展低碳经济、建设生态文明、实现可持续发展，成为人类社会的普遍共识，开发清洁的可再生能源已成为世界各国经济和社会可持续发展的重要战略。为协调大电网与分布式发电间的矛盾，最大限度地发掘分布式发电在经济、能源和环境中的优势，提出了微电网的概念。微电网是将分布式发电、负荷、储能装置及控制装置等结合，形成的一个单一可控的供电系统。它可以降低馈线损耗、增加本地供电可靠性、提高能源利用的效率等。

微电网是指由多种分布式电源、储能、负荷及相关监控保护装置构成，能够实现自我控制和管理的区域自治型电力系统。微电网可缓解分布式电源与传统电力系统之间的矛盾，在充分挖掘分布式电源的效益和价值的同时，削弱分布式发电对用户和电网造成的负面影响。微电网内多种分布式电源的随机性、间歇性、双向功率流特性，多样化负荷的波动特性，以及用户对高品质供用电的定制需求，使其运行控制对实时性、灵活性、适应性的要求更高，控制维度和难度均显著提高，也具有更大的挑战性。为实现高效灵活的微电网控制，研究人员提出了微电网分层控制结构：第一层是一次控制层，主要功能为维持系统内电压、频率的稳定以及按照指令输出功率；第二层是二次调节层，侧重于微电网动态运行控制，主要实现微电网电压频率恢复以及负荷功率的优化分配；第三层是优化管理层，涉及微电网间以及微电网与配电网间调度控制以实现电力系统经济运行。具体控制方式主要有集中式控制、分散式控制和分布式控制。其中，集中式控制通过中央控制器实现全局最优化控制，但复杂的通信链路和控制器对系统可靠性和扩展性产生影响；分散式控制具有结构简单、实现方便和可靠性高等优点，但由于不涉及子系统间信息交互，难以实现精确的全局优化。分布式控制方式结合了集中式控制和分散式控制的优势，基于局部信息交互实现本地控制决策的类全局优化，可降低通信和计算的复杂度，提升系统的可靠性和扩展性，更符合微电网的实际控制需求。因此，对微电网分布式控制进行系统和科学的研究，是一项具有重要意义的工作。

本书以微电网控制为目标，以分布式控制方法为手段，从分布式基础控制方式、分布式电源储能技术、微电网以及分布式先进优化配置策略及孤岛运行检测等方面系统介绍微电网控制的理论框架和实施方法。为进一步推广微电网技术，指导微电网的工程建设，作者编写了本书。本书的内容构建了多目标、多层次、多属性的微电网控制理论与方法，可为微电网安全可靠、经济高效运行提供支撑，为其他学科应用分布式控制方法提供案例借鉴。由于编者水平有限，编写时间仓促，书中的不妥之处在所难免，恳请读者给予批评指正。

目　录

第一章 微电网基础概念

微电网（Micro-Grid，MG）是一个独立可控系统，主要由负荷与微电源构成，是一个能够为局部区域供给电能和热能的系统。从宏观来看，微电网可以作为整个大系统中的一个电源或者小型可调度负荷。从微观来看，微电网具备完整的发电、输电、配电功能，可以作为一个微型的可控单元系统，该特性为微电网的运行、控制和分析提供了一种新的方法。本章首先介绍了微电网的基础理论；其次阐述了微电网的基本结构和运行特征，并有针对性地介绍了微电网的需求分类与用电分类，最后介绍了微电网稳定运行的控制理论技术。

第一节 微电网概述及构成

微电网是一种将分布式电源（Distributed Generation，DG）、负荷、储能装置、变流器以及监控保护装置等有机整合在一起的小型发输配电系统。凭借微电网的运行控制和能量管理等关键技术，可以实现其并网或孤岛运行、降低间歇性分布式电源给配电网带来的不利影响，最大限度地利用分布式电源出力，提高供电的可靠性和电能质量。将分布式电源以微电网的形式接入配电网，被普遍认为是利用分布式电源的有效方式之一。微电网作为配电网和分布式电源的纽带，使配电网不必直接面对种类不同、归属不同、数量庞大、分散接入的（甚至是间歇性的）

分布式电源。国际电工委员会（IEC）在《2010—2030 应对能源挑战白皮书》中明确将微电网技术列为未来能源链的关键技术之一。

近年来，欧盟成员国、美国、日本等均开展了微电网试验示范工程研究，已进行概念验证控制方案测试及运行特性研究。国外微电网的研究主要围绕可靠性、可接入性和灵活性 3 个方面，讨论系统的智能化、能量利用的多元化、电力供给的个性化等关键技术。微电网在我国也处于实验、示范阶段。这些微电网示范工程普遍具备以下 4 个基本特征。

（1）微型。微电网电压等级一般在 10 kV 以下，系统规模一般在兆瓦级及以下，与终端用户相连，电能就地利用。

（2）清洁。微电网内部分布式电源以清洁能源为主。

（3）自治。微电网内部电力电量能实现全部或部分自平衡。

（4）友好。可减少大规模分布式电源接入对配电网造成的冲击，可为用户提供优质可靠的电力，可实现并网/离网模式的平滑切换。因此，与配电网相连的微电网，可与配电网进行能量交换，提高供电可靠性和实现多元化能源利用。

微电网与配电网之间信息交换量将日益增大并且在提高电力系统运行可靠性和灵活性方面体现出较大的潜力。微电网和配电网的高效集成，是未来智能电网发展面临的主要任务之一。借鉴国外对微电网的研究经验，近年来，一些关键的、共性的微电网技术得到了广泛的研究。然而，为了进一步保障微电网的安全、可靠、经济运行，结合我国微电网发展的实际情况，一些新的微电网技术需求有待进一步讨论和研究。

微电网是未来智能配电网实现自愈、用户侧互动和需求响应的重要途径，随着新能源、智能电网技术、柔性电力技术等的发展，微电网将具备如下新特征。

（1）微电网将满足多种能源综合利用需求并面临更多新问题。大量的入户式单相光伏、小型风机、冷热电三联供、电动汽车、蓄电池、氢能等家庭式分布电源，大量柔性电力电子装置的出现将进一步增加微电网的复杂性。屋顶电站、电动汽车充放电、智能用电楼宇和智能家居等带来微电网形式的多样化问题；多种微电源响应时间的协调问题、现有小发电机组并入微电网的可行性问题；微电网配置分布式电源和储能接口标准化问题、微电网建设环境评价和微电网内基于电力电子接口的电源与柔性交流输电系统（FACTS）装置控制耦合等问题，都将成为未来微电网研究的热点。

（2）微电网将与配电网实现更高层次的互动。微电网接入配电网后，配电网结构、保护、控制方式，用电侧能量管理模式、电费结算方式等均需做出一定的调整，同时带来上级调度对用户电力需求的预测方法、用电需求侧管理方式、电能质量监管方式等的转变。为此，一方面，通过不断完善接入配电网的标准，微电网将形成一系列典型模式规范化建设和运行；另一方面，将加强配电网对微电网的协调控制和用户信息的监测力度，建立起与用户的良性互动机制，通过微电网内能量优化、虚拟电厂技术及智能配电网对微电网群的全局优化调控，逐步提高微电网的经济性，实现更高层次的高效、经济、安全运行。

（3）微电网将承载信息和能源双重功能。未来智能配电网、物联网业务需求对微电网提出更高的要求，微电网靠近负荷和用户，与社会的生产和生活息息相关。以家庭、办公室建筑等为单位的灵活发电和配用电终端、企业、电动汽车充电站以及物流等将在微电网中相互影响，分享信息资源。承载信息和能源双重功能的微电网，使可再生能源能够通过对等网络的方式分享彼此的能源和信息。

第二节　微电网分类及体系

一、微电网的分类

应根据不同的建设容量、建设地点、分布式电源的种类，建设符合当地具体情况的微电网。可从功能需求、用电规模和交直流类型 3 个方面对微电网进行分类。

（一）按功能需求分类

按功能需求划分，微电网可分为简单微电网、多种类设备微电网和公用微电网。

1. 简单微电网

仅含有一类分布式发电，其功能和设计也相对简单，如仅为了实现冷热电联供（CCHP）的应用或保障关键负荷的供电。

2. 多种类设备微电网

含有不止一类分布式发电，由多个不同的简单微电网组成或者由多种性质互补协调运行的分布式发电构成。相对于简单微电网，多种类设备微电网的设计与运行则更加复杂，该类微电网中应划分一定数量的可切负荷，以便在紧急情况下离网运行时维持微电网的功率平衡。

3. 公用微电网

在公用微电网中，凡是满足一定技术条件的分布式发电和微电网都可以接入，它根据用户对可靠性的要求进行负荷分级，紧急情况下首先保证高优先级负荷的供电。

微电网按功能需求分类很好地解决了运行时的归属问题：简单微电网可以由用户所有并管理；公用微电网则可由供电公司运营；多种类设备微电网既可属于供电公司，也可属于用户。

（二）按用电规模分类

按用电规模划分，微电网可分为简单微电网、企业微电网、馈线区域微电网、变电站区域微电网和独立微电网，如表 1-1 所示。

表 1-1　按用电规模划分的微电网

类　　型	发电量	主网连接
简单微电网	< 2 MW	常规电网
企业微电网	2~5 MW	
馈线区域微电网	5~20 MW	
变电站区域微电网	> 20 MW	
独立微电网	根据海岛、山区、农村负荷决定	柴油机发电等

1. 简单微电网

用电规模小于 2 MW，由多种负荷构成的、规模比较小的独立性设施、机构，如医院、学校等。

2. 企业微电网

用电规模在 2~5 MW ，由规模不同的冷热电联供设施加上部分小的民用负荷组成，一般不包含商业负荷和工业负荷。

3. 馈线区域微电网

用电规模在 5~20 MW，由规模不同的冷热电联供设施加上部分大的商业负荷和工业负荷组成。

4. 变电站区域微电网

用电规模大于 20 MW，一般由常规的冷热电联供设施加上附近全部负荷（即民用负荷、商业负荷和工业负荷）组成。

以上 4 种微电网的主网系统为常规电网，又统称为并网型微电网。

5. 独立微电网

独立微电网主要是指边远山区，包括海岛、山区、农村等常规电网辐射不到的地方，主网配电系统采用柴油发电机发电或其他小机组发电构成主网供电，满足地区用电。

（三）按交直流类型分类

按交直流类型划分，微电网可分为直流微电网、交流微电网和交直流混合微电网。

1. 直流微电网

直流微电网是指采用直流母线构成的微电网，如图 1-1 所示。DG、储能装置、直流负荷通过变流装置接至直流母线，直流母线通过逆变装置接至交流负荷，直流微电网向直流负荷、交流负荷供电。

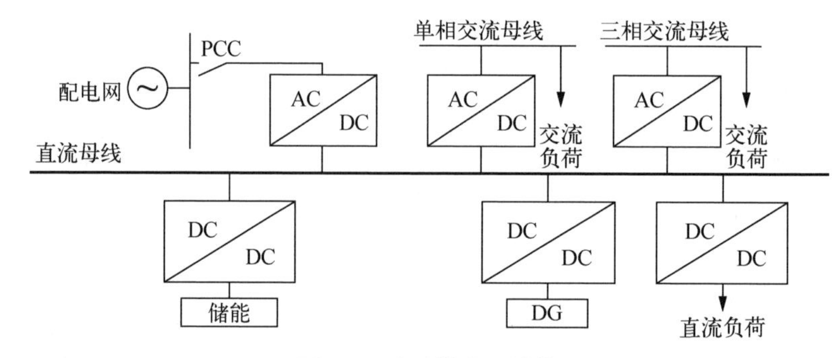

图 1-1　直流微电网结构

直流微电网的优点：

（1）由于 DG 的控制只取决于直流电压，直流微电网的 DG 较易协同运行。

（2）DG 和负荷的波动由储能装置在直流侧补偿。

（3）与交流微电网比较，控制容易实现，不需要考虑各 DG 间的同步问题，环流抑制更具有优势。

直流微电网的缺点：常用的用电负荷为交流负荷，需要通过逆变装置给交流用电负荷供电。

2. 交流微电网

交流微电网是指采用交流母线构成的微电网，交流母线通过公共连接点（PCC）

断路器控制，实现微电网并网运行与离网运行。如图 1-2 所示为交流微电网结构，DG、储能装置通过逆变装置接至交流母线。交流微电网是微电网的主要形式。

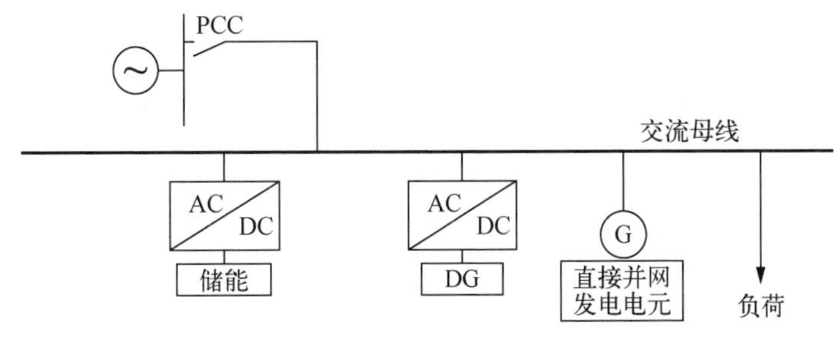

图 1-2　交流微电网结构

3. 交直流混合微电网

交直流混合微电网是指由分布式电源、储能装置、能量变换装置、相关负荷和监控、保护装置汇集而成的小型发配电系统，是一个能够实现自我控制、保护和管理的自治系统。其中，根据分布式电源的不同，既包括直流母线，也包括交流母线，如图 1-3 所示。通过微电网内分布式电源输出功率的协调控制，可保证微电网稳定运行；微电网能量管理系统可以有效地维持能量在微电网内的优化分配与平衡，保证微电网经济运行。

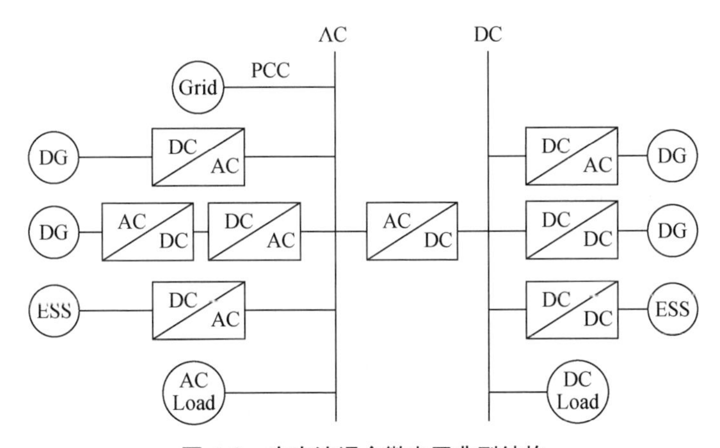

图 1-3　交直流混合微电网典型结构

二、微电网的体系

如图 1-4 所示是采用“多微电网结构与控制”的微电网三层控制方案结构。最上层称为配电网调度层，从配电网的安全、经济运行的角度协调调度微电网，微电网接受上级配电网的调节控制命令。中间层称为集中控制层，对 DG 发电功率和负荷需求进行预测，制订运行计划，根据采集电流、电压、功率等信息，对运行计划实时调整，控制各 DG、负荷和储能装置的启停，保证微电网电压和频率稳定。在微电网并网运行时，优化微电网运行，实现微电网最优经济运行；在微电网离网运行时，调节分布电源出力和各类负荷的用电情况，实现微电网的稳压安全运行。下层称为就地控制层，负责执行微电网各 DG 调节、储能充放电控制和负荷控制。

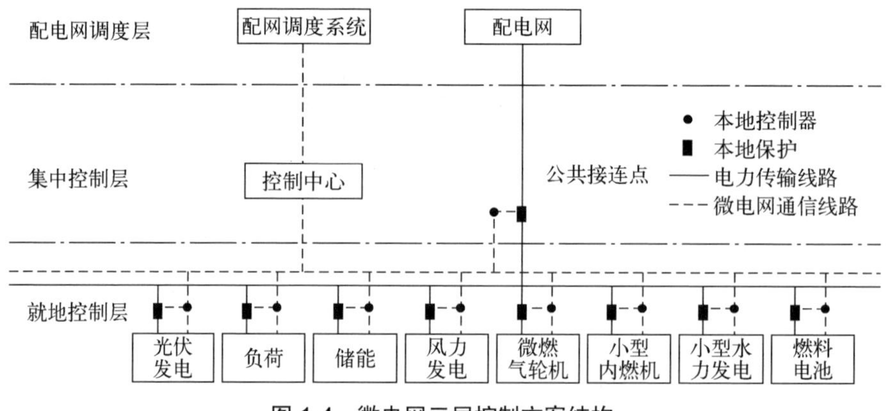

图 1-4　微电网三层控制方案结构

（一）配电网调度层

配电网调度层为微电网配网调度系统，从配电网的安全、经济运行的角度协调微电网，微电网接受上级配电网的调节控制命令。

（1）微电网对于大电网表现为单一可控、可灵活调度的单元，既可以与大电网并网运行，也可以在大电网故障或需要时与大电网断开运行。

（2）在特殊情况下（如发生地震、暴风雪、洪水等意外灾害情况），微电网可作为配电网的备用电源向大电网提供有力支撑，加速大电网的故障恢复。

（3）在大电网用电紧张时，微电网可利用自身的储能进行削峰填谷，从而避免配电网大范围地拉闸限电，减少大电网的备用容量。

（4）正常运行时参与大电网经济运行调度，提高整个电网的运行经济性。

（二）集中控制层

集中控制层为微电网控制中心（Micro-Grid Control Center，MGCC），是整个微电网控制系统的核心部分，集中管理 DG、储能装置和各类负荷，完成整个微电网的监视和控制。根据整个微电网的运行情况，实时优化控制策略，实现并网、离网、停运的平滑过渡；在微电网并网运行时负责实现微电网优化运行，在离网运行时调节分布式发电出力和各类负荷的用电情况，实现微电网的稳态安全运行。

（1）微电网并网运行时实施经济调度，优化协调各 DG 和储能装置，实现削峰填谷以平滑负荷曲线。

（2）并离网过渡中协调就地控制器，快速完成转换。

（3）离网时协调各分布式发电、储能装置、负荷，保证微电网重要负荷的供电，维持微电网的安全运行。

（4）微电网停运时，启用“黑启动”，使微电网快速恢复供电。

（三）就地控制层

就地控制层由微电网的就地保护设备和就地控制器组成，微电网的就地控制器完成分布式发电对频率和电压的一次调节，就地保护设备完成微电网的故障快速保护，通过就地控制器和就地保护设备的配合实现微电网故障的快速“自愈”。DG 接受 MGCC 调度控制，并根据调度指令调整其有功出力、无功出力。

（1）离网主电源就地控制器实现 U/f 控制和 P/Q 控制的自动切换。

（2）负荷控制器根据系统的频率和电压，切除不重要的负荷，保证系统的安全运行。

（3）就地控制层和集中控制层采取弱通信方式进行联系。就地控制层实现微电网暂态控制，微电网集中控制中心实现微电网稳态控制和分析。

第三节 微电网运行及控制模式

一、微电网的运行模式

微电网运行分为并网运行和离网（孤岛）运行两种状态，并网运行根据功率交换的不同可分为功率匹配运行状态和功率不匹配运行状态。如图 1-5 所示，配电网与微电网通过公共连接点（PCC）相连，流过 PCC 处的有功功率为 ΔP，无功功率为 ΔQ。当 $\Delta P = 0$ 且 $\Delta Q = 0$ 时，流过 PCC 的电流为零，微电网各 DG 的出力与负荷平衡，配电网与微电网实现了零功率交换，这也是微电网最佳、最经济的运行方式，此种运行方式称为功率匹配运行状态。当 $\Delta P \neq 0$ 或 $\Delta Q \neq 0$ 时，流过 PCC 的电流不为零，配电网与微电网实现了功率交换，此种运行方式称为功率不匹配运行状态。在功率不匹配运行状态下，若 $\Delta P < 0$，微电网各 DG 发出的电，除满足负荷使用外，多余的有功输送给配电网，这种运行方式称为有功过剩，若 $\Delta P > 0$，微电网各 DG 发出的电不能满足负荷使用，需要配电网输送缺额的电力，这种运行方式称为有功缺额。同理，若 $\Delta Q < 0$，称为无功过剩，若 $\Delta Q > 0$，为无功缺额，都为功率不匹配运行状态。

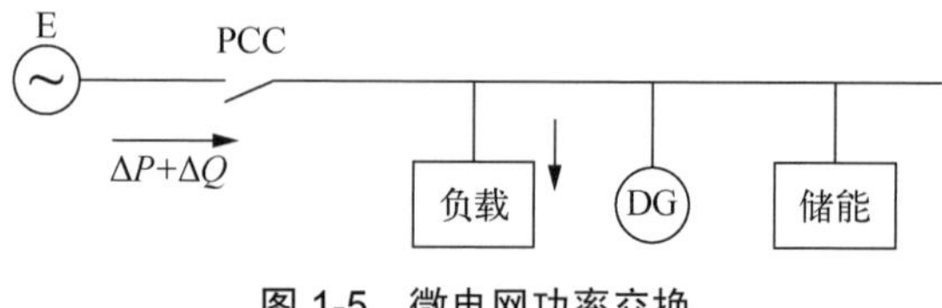

图 1-5 微电网功率交换

（一）并网运行

并网运行是指微电网与公用大电网相连（PCC 闭合），与主网配电系统进行电能交换。微电网运行模式的互相转换如图 1-6 所示。

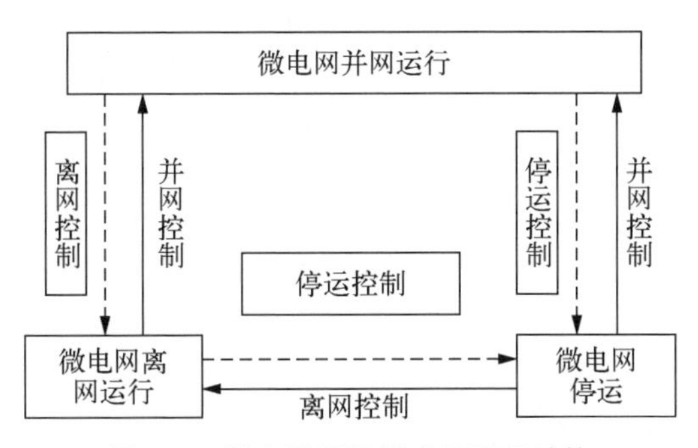

图 1-6　微电网运行模式的互相转换

（1）微电网在停运时，通过并网控制可以直接转换到并网运行模式，并网运行时通过离网控制可转换到离网运行模式。

（2）微电网在停运时，通过离网控制可以直接转换到离网运行模式，离网运行时通过并网控制可转换到并网运行模式。

（3）并网或离网运行时可通过停运控制使微电网停运。

（二）离网运行

离网运行又称孤岛运行，是指在电网故障或计划需要时，与主网配电系统断开（即 PCC 断开），由 DG、储能装置和负荷构成的运行方式。微电网离网运行时由于自身提供的能量一般较小，不足以满足所有负荷的电能需求，因此依据负荷供电重要程度的不同而进行分级，以保证重要负荷供电。

二、微电网的控制模式

微电网常用的控制模式主要分为 3 种：主从、对等和综合。小型微电网最常用的是主从控制模式。

（一）主从控制模式

主从控制模式（master-slave mode）是将微电网中各个 DG 采取不同的控制方法，并赋予不同的职能，如图 1-7 所示。其中一个或几个作为主控，其他作为“从属”。并网运行时，所有 DG 均采用 P/Q 控制策略。孤岛运行时，主控 DG 控制策略切换为 U/f 控制，以确保向微电网中的其他 DG 提供电压和频率参考，负荷变化也由主控 DG 来跟随，因此要求其功率输出应能够在一定范围内可控，且能够足够快地跟随负荷波动，而其他从属地位的 DG 仍采用 P/Q 控制策略。

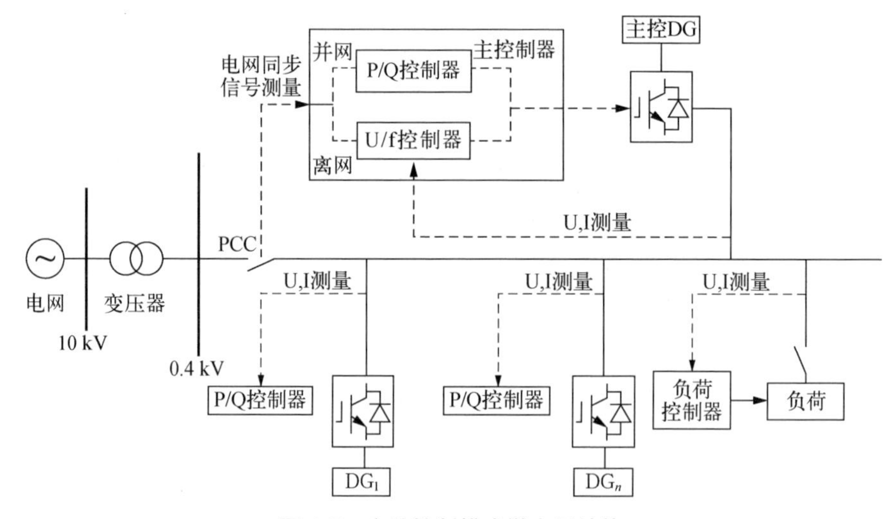

图 1-7　主从控制模式微电网结构

主从控制模式存在一些缺点。首先，主控 DG 采用 U/f 控制策略，其输出的电压是恒定的，要增加输出功率，只能增大输出电流，而负荷的瞬时波动通常首先由主控 DG 来进行平衡，因而要求主控 DG 有一定的可调节容量。其次，由于整个系统是通过主控 DG 来协调控制其他 DG，一旦主控 DG 出现故障，整个微电网也就不能继续运行。另外，主从控制模式需要微电网能够准确地检测到孤岛发生的时刻，孤岛检测本身即存在一定的误差和延时，因而在没有通信通道的支持下，控制策略切换存在失败的可能性。

主控 DG 要能够满足在两种控制模式间快速切换的要求，微电网中主控 DG 可有以下 3 种选择。

（1）光伏、风电等随机性 DG。

（2）储能装置、微型燃气轮机和燃料电池等容易控制并且供能比较稳定的 DG。

（3）DG+储能装置，如选择光伏发电装置与储能装置或燃料电池结合作为主控 DG。

第三种方式具有一定的优势，能充分利用储能系统的快速充放电功能和 DG 所具有的可较长时间维持微电网孤岛运行的优势。采用这种模式，储能装置在微电网转为孤岛运行时可以快速为系统提供功率支撑，有效地抑制由于 DG 动态响应速度慢引起的电压和频率的大幅波动。

（二）对等控制模式

对等控制模式（peer-to-peer mode）基于电力电子技术的“即插即用”与“对等”的控制思想，即微电网中各 DG 之间是“平等”的，各控制器间不存在主从关系，所有 DG 以预设定的控制模式参与有功和无功的调节，从而维持系统电压、频率的稳定。对等控制模式中采用基于下垂特性的下垂（Droop）控制策略，结构如图 1-8 所示。在对等控制模式下，当微电网离网运行时，每个采用下垂控制模型的 DG 都参与微电网电压和频率的调节。在负荷变化的情况下，自动依据下垂系数分担负荷的变化量，即各 DG 通过调整各自输出电压的频率和幅值，使微电网达到一个新的稳态工作点，最终实现输出功率的合理分配。下垂控制模型能够实现负载功率变化在 DG 之间的自动分配，但在负载变化前后，系统的稳态电压和频率也会有所变化，对系统电压和频率指标而言，这种控制实际上是一种有差控制。无论是并网运行模式还是孤岛运行模式，微电网中 DG 的下垂控制模型都可以不变化，因此，系统运行模式易于实现无缝切换。

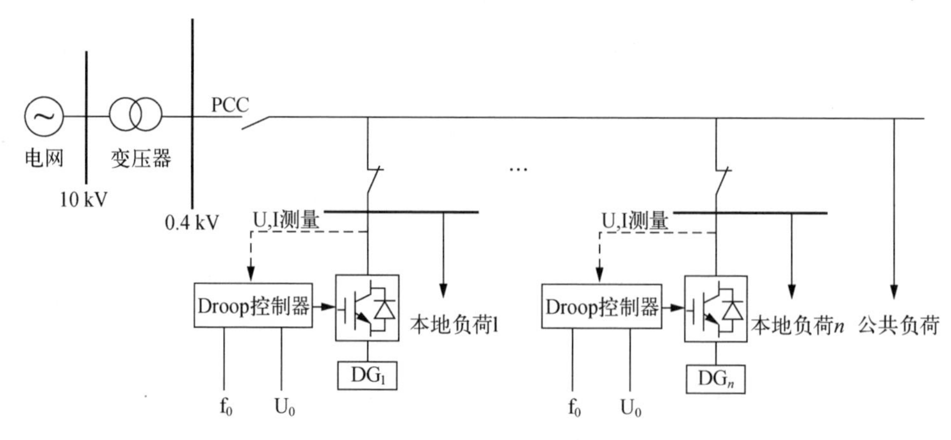

图 1-8 对等控制模式微电网结构

采用下垂控制模型的 DG 根据接入系统点电压和频率的局部信息进行独立控制，实现电压、频率的自动调节，不需要相应的通信环节，可以实现 DG 的“即插即用”，灵活方便地构建微电网。与主从控制模式由主控 DG 分担不平衡功率不同，对等控制模式将系统的不平衡功率动态分配给各 DG 承担，具有简单、可靠、易于实现的特点，但是也牺牲了频率和电压的稳定性，目前采用这种控制模式的微电网仍停留在实验室阶段。

（三）综合控制模式

主从控制模式和对等控制模式各有其优劣，在微电网中，可能有多种类型的 DG 接入，既有光伏发电、风力发电这样的随机性 DG，又有微型燃气轮机、燃料电池这样比较稳定和容易控制的 DG 或储能装置，不同类型的 DG 控制特性差异很大。采用单一的控制模式显然不能满足微电网运行的要求，结合微电网内 DG 和负荷都具有分散性的特点，根据 DG 的不同类型采用不同的控制策略，可以采用既有主从控制模式，又有对等控制模式的综合控制模式。

第二章　分布式电源及储能技术

分布式电源（如光伏电池、风力发电等）属于波动性甚至间歇式电源，所产生的电能具有显著的随机性和不确定性特征，容易对电网产生冲击，严重时会引发电网事故。为了充分利用可再生能源并保障其作为电源的供电可靠性，需要对这种难以准确预测的能量变化进行及时的控制和抑制。分布式发电系统中的储能装置就是用来解决这些问题的。本章主要对分布式电源的类型及储能技术进行详细的介绍。

第一节　分布式电源的基础概述

当今世界的电力系统大都是以大机组、大电网、高电压为主要特征的单一供电系统，世界范围内的能源危机、电力危机与大面积停电事故已暴露“集中发电”的电力系统存在的不足之处，集中发电的电力系统已经不能完全满足对电力供应质量与安全可靠性日益提高的要求。分布式电源以其投资小、清洁环保、供电可靠和发电方式灵活等优点日益成为人们研究的热点。

大电网系统与分布式电源系统相结合是节省投资、降低能耗、提高系统安全性和灵活性的有效方法，也是电力系统发展的方向。从 20 世纪 80 年代末开始，世界电力工业已呈现由传统的集中供电模式向集中和分散相结合的供电模式过渡的趋势。在常规能源供应渐趋紧张、环境问题日益严峻的今天，分布式电源相关技术得以加速发展，总装机容量不断提升。英国、美国、日本等发达国家在进行能源结构调整的过程中，已经把分布式电源技术放在了相当重要的位置上。随着我国燃料结构的变化，高峰期电力负荷越来越大，也需要加快分布式电源的发展，以进一步优化供电模式，降低环境污染，保障供电安全。

分布式电源技术涉及能源、材料、机械、环保、控制等诸多领域，是一个典型的多学科交叉的系统性工程，其应用与能源、技术发展、环保和电力市场等都有关系，大规模并网后对传统的电力系统分析、控制及保护等也都有深远的影响，还将引起电力市场、用户管理等方面的变革。

一、分布式电源的基本概念及种类

分布式电源这个概念是从 1978 年美国《公共事业管理政策法》（PURRA）公布后先正式在美国推广，然后被其他国家接受的。由于各国政策的不同，不同国家对其理解也有所差异，因此到目前为止并没有一个统一的、严格的定义，许多文献中也称之为分散电源（Dispersed Generation）或嵌入式发电（Embedded Generation）。一般而言，分布式电源是指将发电系统以小规模（发电功率为数千瓦至 50 MW 小型模块式）、分散式的方式布置在用户附近，可独立输出电能的系统。这些电源为电力部门、电力用户或第三方所有，用以满足电力系统和用户特定的要求，其主要特点包括以下几个方面。

（1）规模不大且分布在负荷附近。

（2）满足一些特殊用户的需求，支持已有配电网的经济运行。

（3）未经规划的或非中心调度控制的电力生产方式。

（4）能源利用效率较高或利用可再生能源发电等。

（一）分布式电源的类型

分布式电源一般采取与配电系统并联或独立小电网的方式运行，其本身并非一种全新的发电形式。实际上，一些工厂或大型电力用户，其自备的一些发电机组在系统电源停供时，作为一种临时电源，使用以提高自身的供电可靠性，可视为分布式电源发展的初期阶段，这种方式在国外发达国家已得到很大程度上的利用。作为紧急备用电源使用的小型柴油发电机组以及我国早期的燃煤自备小热电厂，虽属于分布式电源的范畴，但由于其技术性能差、效率低下，或对环境有影响，已逐渐被淘汰或取代。目前，所谓的分布式电源通常并非指上述采用柴油发电机组的紧急备用电源或燃煤自备小热电厂，更多的是指微型燃气轮机、燃料电池或包括风力、太阳能、生物质能等在内的可再生能源发电系统，如表 2-1 所示。实际应用时，分布式发电系统中往往还加入了各种储能装置，如蓄电池储能、超导储能、超级电容器储能、飞轮储能和压缩空气储能等。

表 2-1　分布式电源的主要类型

技术类型	一次能源	输出方式	与系统的接口	小型（<100 kW）	中型（100～1000 kW）	大型（>1 MW）
微型燃气轮机	化石燃料	AC	直接连接			√
地热发电	可再生能源	AC	直接连接		√	√
水力发电	可再生能源	AC	直接连接		√	√
风力发电	可再生能源	DC	逆变器	√	√	√
光伏系统	可再生能源	DC	逆变器	√	√	
燃料电池	化石燃料	DC	逆变器	√	√	√
太阳能发电	可再生能源	AC	直接连接	√	√	√
生物质能发电	可再生能源/废弃物	AC	直接连接	√	√	√
具有同步感应发电机的往复式引擎	化学燃料	AC	直接连接	√	√	√

（二）分布式电源的特点

不同种类的分布式电源由于发电原理不同，成本差异较大，具备各自独特的技术特点，如表 2-2 所示。在应用时需要全面考虑各方面因素。

表 2-2 分布式电源的造价与特点

造价及特点	风力发电机	微型燃气轮机	燃料电池	光伏电池
功率范围（kW）	50～2000	30～75	5～2000	1～100
工程造价（$/kW）	1000～1500	1000～1500	3000～4000	1500～6500
发电成本（¢/kWh）	5.5～15	7.5～10	10～15	15～20
环境影响	无废气排放、有噪声、景观影响	有废气排放，但比常规发电机组污染轻	无污染	无污染
输出功率特点	不平稳、受风力影响	功率平稳、调节性好	功率平稳	不平稳、功率密度低

1. 风力发电机

风能是指因太阳辐射造成地球各部分受热不均匀，引起各地温差和气压不同，导致空气运动而产生的能量。风力发电是将风能转化为电能的一种发电技术，也是目前新能源开发技术中最成熟、最具规模化商业开发前景的发电方式。

风力发电系统由一台或多台电机上并联运行的风力发电机组组成，主要通过原动机（风力机）捕获风能，并将其转化为机械能，然后再由发电机将机械能转化为电能，最后并网运行。

风力发电机一般分为鼠笼式异步发电机、转差可调的绕线式异步发电机、双馈异步发电机、低速同步发电机等，可直接并网运行或通过逆变器并网运行。

2. 微型燃气轮机

微型燃气轮机是以天然气、甲烷、汽油、柴油为燃料的超小型燃气轮机，具有体积小、质量轻、效率高、污染小、运行维护简单等特点，是目前最成熟、最具商业竞争力的分布式电源，目前已有美国、欧洲、日本的多家公司将多个系列的微型燃气轮机产品投入国际市场。

此类发电机组由微型燃气轮机、燃气轮机直接驱动的内置式高速逆变发电机和数字电力控制器等部分组成，通过从离心式压气机出来的高压空气先在回热器内由涡轮排气预热，然后进入燃烧室与燃料混合、燃烧，将高温燃气送入向心式涡轮做功，直接带动高速发电机发电。

发电机首先发出高频交流电，然后转换成高压直流电，再转换为交流电供用户使用。

3. 燃料电池

燃料电池是一种在等温状态下直接将化学能转变为直流电能的电化学装置，由阳极、阴极和夹在这两个电极中间的固态或液态电解质组成。

燃料电池工作时，并不需要燃烧，而是直接用燃料（天然气、煤制气、石油等）中的氢气借助电解质与空气中的氧气发生化学反应，在生成水的同时进行发电，相当于电解水的逆过程，即通过氢和氧的化合释放出电能。

这一过程中的副产品主要是水蒸气，因而对环境无任何污染。由于工作时需要连续地向其供给燃料和氧化剂，因此称为燃料电池。

自世界上首节燃料电池于 1940 年诞生以来，作为一种清洁、高效的新型发电技术，燃料电池正受到越来越多的重视和广泛的研究应用。

就发电能力和运行可靠性而言，目前来看，磷酸燃料电池、熔融碳酸盐燃料电池和固体氧化物燃料电池最有可能作为分布式电源用于区域性供电。

4. 光伏发电

太阳能发电分为热能发电和光伏发电两类。热能发电是通过聚集太阳能，将某种物质加热，直接或间接地产生蒸汽，驱动汽轮发电机产生电能；光伏发电主要由太阳能电池板（组件）、控制器和逆变器三大部分组成，依据半导体界面的光生伏特效应原理，利用太阳能电池将太阳光能直接转化为电能，具有不消耗燃料、不受地域限制、规模灵活、无污染、安全可靠、维护简单等优点，是目前太阳能发电的主要形式。

光伏发电系统分为独立光伏发电系统和并网光伏发电系统，并网光伏发电系统是光伏发电系统的主流趋势，又可分为住宅用并网光伏发电系统和集中式并网光伏发电系统。前者的特点是光伏发电系统的电直接分配给用户负载，多余或不足的电力通过电网来调节；后者的特点是光伏发电系统的电被直接输送到电网上，由电网将电力统一分配给各用户。

5. 生物质能发电

生物质能是太阳能以化学能形式储存在生物质中的能量形式，是以生物质为载体的能量，它直接或间接地来自绿色植物的光合作用，是取之不尽、用之不竭的能源资源。

生物质能发电主要利用农业、林业和工业废弃物，甚至城市垃圾为原料，首先将生物质转化为可驱动发电机的能量形式（如燃气、燃油、酒精等），再按照通用的发电技术进行发电，主要包括生物质直燃发电、生物质气化发电和沼气发电等几类。

生物质能发电起源于20世纪70年代，近年来，国内外能源、电力供求日趋紧张，生物质能发电受到更为广泛的关注且其推广应用得以持续加速。

（三）分布式电源的储能装置

基于系统稳定性和经济性的考虑，分布式发电系统要存储一定数量的电能，用以应付突发事件和负荷变化，因此分布式电源总是与储能装置紧密联系在一起。

概括而言，储能装置在分布式发电中的作用主要有以下 4 个方面。

（1）平衡发电量和用电量。

（2）充当备用或应急电源。

（3）改善电能质量，维持系统稳定。

（4）改善分布式系统的可控性。

目前存在多种储能方式，具体可分为化学储能和物理储能两类。化学储能主要有蓄电池储能和超级电容器储能；物理储能主要有飞轮储能、抽水蓄能、超导储能和压缩空气储能。

二、分布式电源发展对配电网的作用与影响

（一）分布式电源并网运行的优点

分布式电源通常接入中压或低压配电系统，可有效弥补大规模集中发电、输电的不足，近年来得到各国的普遍重视，并取得长足发展，其优点主要包括以下几点。

1. 节能效果好

分布式电源与传统的大电网供电有两个明显的区别：

（1）传统大电网电源和用电负荷距离非常远，一般都要通过远距离输送给用户，而分布式电源则靠近用户现场，因而网损明显降低。

（2）传统大电网供电模式下能量形式单一，而分布式电源则能够提供多种形式的能量，是典型的“冷、热、电”三联产，能实现能量的梯级利用，符合“温度对口、梯级利用”的原则，从而大大提高了能源的总体利用效率。

2. 环境污染少

分布式电源以天然气、轻油等清洁能源和风力、水力、潮汐、地热等可再生

能源为发电原料，能够减少二氧化碳、一氧化碳、硫化物和氮化物等有害气体的排放。同时，出于分布式能源系统发电的电压等级比较低，电磁污染比传统的集中式发电要小得多。

3. 可靠性高

在建设大型火电厂的趋势有增无减之时，电网的快速发展对供电的安全与稳定带来了很大的威胁，一旦电厂和输电通道发生故障，将可能导致大面积停电。分布式电源采用性能先进的控制设备，开停机方便、操作简单、负荷调节灵活，与大电网配合可大大提高供电的可靠性，弥补其安全性和稳定性方面的不足，在电网崩溃和意外灾害（地震、暴风雪、人为破坏、战争）情况下可维持重要用户的供电。

4. 改善供电质量

分布式电源内部通常都设有就地电压调整和无功补偿功能，同时并网后由于有大系统作为支撑，用户的用电质量可以得到较大改善。

5. 其他优点

分布式电源的投资相对大电厂而言非常小，风险也较小，并且建设周期短，有利于短时间内解决电力短缺问题。

分布式电源尽管具备诸多优点，但考虑到其分散、随机变动等特点，大量并网后将使配电网从辐射型的网络变为遍布中小电源和用户的互联网络，从单纯的“配电系统”转化成一个“电力交换系统”，从而对配电系统的安全稳定运行产生较大的影响。

（二）分布式电源对配电网规划的影响

配电网规划主要是根据某地区今后若干年内电力负荷发展的预测以及现有网

络基本情况，对该地区的配电网做出发展规划。要求在满足负荷增长和电力系统安全运行的前提下，确定规划区内变电站布点和网络接线方式、投产水平及投资时间安排，使建设资金和运行费用为最小。

分布式电源的接入及其比例的不断扩大，将增大配电网的复杂性和不确定性，给传统的配电网规划带来实质性的挑战，其影响主要包括以下几个方面。

（1）加大了规划区电力负荷的预测难度。由于规划区内用户可根据自身实际需要安装和使用分布式电源，为自身及规划区其他用户提供电源，这些分布式电源与电力负荷相抵消，从而对规划区负荷增长的模型产生影响。

同时，分布式电源安装点存在不确定性，而利用可再生能源发电的分布式电源的输出电能又常受到气候等自然条件的影响，其输出电能有明显的随机特性，因此，规划部门很难准确预测电力负荷的增长和空间负荷分布情况。

（2）虽然分布式电源能减少或推迟配电网的建设投资，但位置和规模不合理的分布式电源可能导致配电网的某些设备利用率低和网损增加，导致网络中某些节点电压的下降或出现过电压，改变故障电流的大小、持续时间及其方向，还可能影响到系统的可靠性。

（3）配电网规划是一个动态多目标的非线性整数规划问题，其动态属性与其维数相关联，通常需同时考虑几千个节点，若规划区内再出现许多分布式电源，将使寻找最优网络布置方案更加困难。同时，分布式电源类型及所采用能源的多样化、建设成本和运行维护有很大差别，因此，如何在配电网中确定合理的电源结构，协调和有效地利用各类型的电源成为迫切需要解决的问题，这就更增加了规划的难度。

（4）对于想在配电网安装分布式电源的用户或独立发电公司，与想维持系统现有的安全和质量水平不变的配电网公司之间存在一定的冲突。因为有大量分布式电源接入配电网并网运行，这将对配电网结构产生深刻影响，对大型发电厂和输电的依赖逐步减少，原有的单向电源馈电潮流特性发生了变化，包括电压调整、无功平衡和继电保护等在内的综合性问题将影响系统的运行，还可能影响配电网公司的经营收入。

（5）分布式电源大多采用新能源，单位建设和运行成本较高，目前分布式电源的应用受国家相关政策的影响很大。因此，使国家能源政策和能源规划等直接渗透到与分布式电源有关的电力系统规划少，并影响到规划的决策过程。

（三）分布式电源对电能质量的影响

分布式电源中诸如光伏电池、储能设备、微型燃气轮机以及大部分风机等设备无法直接产生工频电压，因此，需要通过整流、逆变等电力电子器件来进行转换，这类器件对配电网的电能质量会产生巨大影响。主要表现在以下几个方面。

（1）易造成系统的电压闪变。分布式电源的启动和停运与用户需求、政策法规、电力市场、气候条件等众多因素有关，其不确定性易造成配电网明显的电压闪变。同时，若分布式电源输出突然变化，其和反馈环节的电压控制设备相互影响也能够直接或间接地引起电压闪变。

（2）产生谐波污染及直流偏磁。基于电力电子技术的逆变器接入配电网的分布式电源电压调节和控制方式与常规方式有很大不同，其开关器件频繁地开通和关断易产生开关频率附近的谐波分量，对电网造成谐波污染。此外，逆变器在参数不均衡、触发脉冲不对称等情况存在时，可能出现直流电流，其流入配电变压器后可能造成变压器的直流偏磁，进而造成波形畸变和异常发热。

（3）对系统稳态电压产生影响。集中供电的配电网一般呈辐射状，稳态运行状态下沿馈线潮流方向电压逐渐降低。接入分布式电源后，由于配电馈线上的传输功率减小以及分布式电源输出的无功功率支持，使沿馈线的各负荷节点处电压被抬高，导致一些负荷节点的电压偏移超标，其电压抬高的多少与接入分布式电源的位置及总容量大小密切关联。

（四）分布式电源对继电保护的影响

一般而言，配电网是单电源、放射状供电网络，其潮流从电源到负荷单向流动。考虑到配电网中 80%以上的故障是瞬时的，所以传统配电网的保护设计通常是在变电站处安装反向过电流断电器，主馈线上装设自动重合闸装置，支路上装设熔断器。

根据“仅断开故障支路，对瞬时故障进行自动重合闸”的原则，使自动重合闸装置与断路器及各侧支路上的熔断器相互协调，每个熔断器又分别与其直接相连的上一级或下一级支路上的熔断器相互协调，从而实现对整个网络的保护。

由于放射状结构的配电网中只有一个电源向故障点提供电流，所以这种保护不具有方向性。当分布式电源接入后，不仅分布式电源本身的故障行为会对系统的运行和保护产生影响，更为重要的是，此时配电网将变成多电源结构，在故障发生时改变短路电流大小和短路电流方向。

单独一个容量较小的分布式电源对故障电流的影响可能不大，但是当配电网中接入多个小容量分布式电源单元或接入一些容量较大的分布式电源单元后，其对故障电流的影响则足以改变短路电流的大小，从而影响电力系统的可靠性和安全性。

总体而言，分布式电源并网后对继电保护的影响可归纳为以下几个方面。

（1）引起保护拒动。此时分布式电源提供的故障电流降低了所在线路保护的检测电流值，使相加保护因达不到动作值而不能启动。

（2）引起保护误动。分布式电源接入后，相邻馈线的故障有可能会使原本没有故障的馈线跳闸而失去电源。

（3）由于熔断器和传统的自动重合闸不具备方向性，大量改动原配电网的系统保护装置需要大量成本，因此，并网分布式电源必须与配电网原有的保护相配合并适应它。

（4）分布式电源可能改变配电网故障电流水平，故障电流水平的提高要求开关设备的升级，从而带来投资的增加。

第二节　分布式电源的类型

一、风力发电系统

（一）风力发电基本原理与特性

全球的风能约为 2.74×10^9 MW，其中可利用的大约为 2×10^7 MW，比地球上可开发利用的水能总量还要大 10 倍。

我国陆地上 10 m 高度层的风能资源总储量为 32.26 亿 kW，其中实际可以开发利用的风能资源储量为 2.53 亿 kW，近海风能资源约为陆地的 3 倍。

依据目前的风力发电机（以下简称风机）技术，只要风速达到 3m/s（微风的程度），便可以开始发电。

1. 风力发电机组的构成

目前广泛使用的是水平轴风力发电机，其结构主要由叶轮、调速或限速装置、偏航系统、传动机构、发电系统和塔架等组成。

现在新型的风力发电系统还包括电力电子变换装置、为改善单机运行性能的蓄电池，以及与电网并联运行的传输和并列装置。

（1）叶轮。风机的叶轮一般由 2 ~ 3 个叶片和轮毂组成，其功能是将风能转化为机械能。风机的叶片都要装在轮毂上，轮毂是叶轮的枢纽，也是叶片的根部与主轴的连接件，所有从叶片传来的力都通过轮毂传递到传动系统，再传递到风力机驱动对象。

同时，轮毂也是控制叶片桨距的所在，所以轮毂的作用是连接叶片和低速轴，要求能承受大的、复杂的载荷。

（2）调速或限速装置。在很多情况下，要求风力机不论风速如何变化，转速总保持恒定或不超过某一限定值，因此要采用调速或限速装置。当风速过高时，这些装置还可以用来限制功率，并减小作用在叶片上的力。

调速或限速装置有多种类型，利用的原理主要有以下 3 类：①使叶轮偏离主风向；②利用空气阻力；③改变叶片的桨距角。

（3）偏航系统。偏航系统的作用是使叶轮能自然对准风向。对大型风力发电机组而言，一般采用的是电动机驱动的风向跟踪系统。

（4）传动机构。风机的传动系统一般包括低速轴、高速轴、齿轮箱、联轴节和制动器等。有些风机的轮毂直接连接到齿轮箱上，不需要低速传递轴，也有一些风机设计成无齿轮箱的，叶轮直接连接到发电机上。

（5）发电系统。恒速/恒频发电系统采用的发电机主要有两种，即同步发电机和鼠笼型感应发电机。

变速/恒频发电系统是 20 世纪 70 年代中期以后逐渐发展起来的一种新型风力发电系统，其主要优点在于叶轮以变速运行，可以在很宽的风速范围内保持近乎恒定的最佳叶尖速比，从而提高了风力机组的运行效率，从风中获取的能量可以比恒速/恒频发电系统、绕线转子双馈发电系统、无刷双馈发电系统等高得多。

（6）塔架。风机的塔架除了要能支撑风机的重量外，还要承受吹向风机和塔架的风压，以及风机运行中的动载荷。

2. 风力发电的特征

（1）风力发电的物理特性。由流体力学可知，速度为 v 的气流通过面积为 A 的截面时的功率 E 为

$$E=\frac{1}{2}\rho Av^3\left(W\right) \tag{2-1}$$

式中，ρ 为空气密度，kg/m^3；A 为气流通过的面积，m^2；v 为风速，m/s。

由此可见，风能的大小与气流密度和通过的面积成正比，与气流速度的立方成正比。其中 ρ 和 v 随地理位置、海拔、地形等因素变化。

1926 年，贝茨提出了风能理论最优利用效率的理论。根据贝茨的理论，从风中能够得到的理论最大功率为

$$P_{Betz}=\frac{1}{2}\rho Av^3C_{P\,betz}=\frac{1}{2}\rho Av^3\times 0.59 \tag{2-2}$$

式中，$C_{P\,betz}$——贝茨风能利用系数。

由此可见，即使从风中提取的功率没有任何损失，也只有 59%的风能能被风机利用。

（2）风力发电的功率曲线。根据式（2-1），风能中可用的能量随着风速的 3 次方而变化，因此风速有 10%的增加，可用能量就约有 30%的增加。

风机的功率曲线遵循着切出风速和额定电容量之间的关系，如图 2-1 所示，风机通常在风速为 12 ~ 16 m/s 时达到额定电容量，风机设计的不同决定了达到额定电容量时风速的不同。

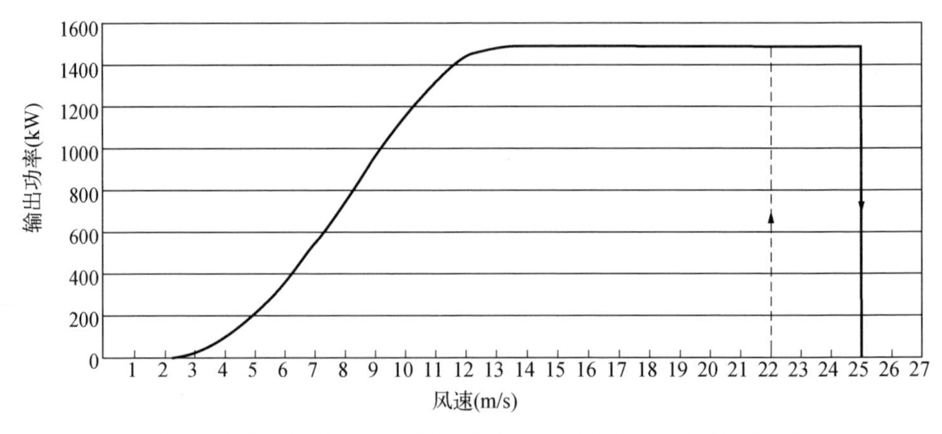

图 2-1 切出风速 25 m/s 节距可调的 1.5 MW 风机的典型功率曲线

（3）磁滞和切出效应。如果风速超过切出风速时风机停机，当风速降低到切出风速以下时，风机不能立即启动。

风机的重启和磁滞有关系，通常需要风速降到 3 ~ 4 m/s。

为了减小高风速时突然停机的影响和解决与磁滞效应有关的问题，许多风机制造商提供随着风速增加（高于切出风速时）而逐步降低风机输出功率的技术，而不是风机突然切出，如图 2-2 所示。

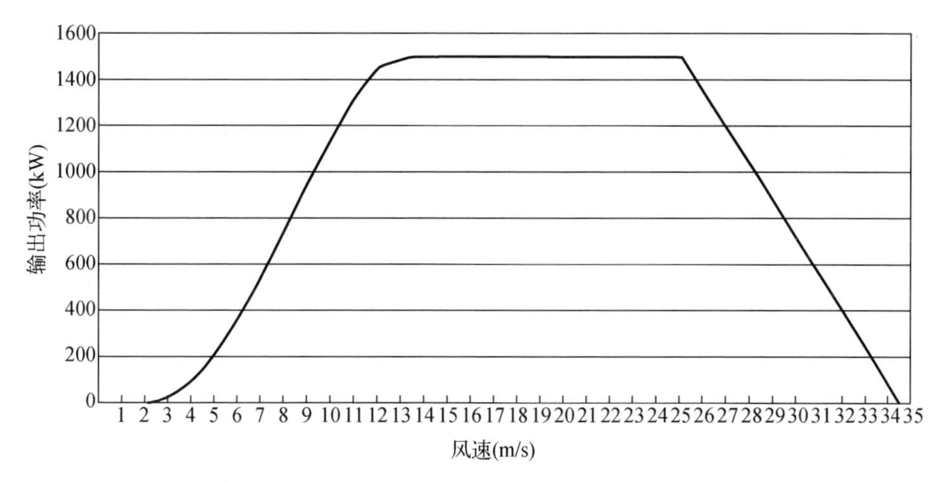

图 2-2　节距控制的 1.5MW 风机在高风速时功率平滑减小功率曲线

这种技术减小了并网风机在高风速时（高于切出风速时）可能对系统造成的负面影响。

在风速高于额定风速时，风机输出功率被限制在额定值。风机最大功率在一定风速范围内保持在切出风速的功率上限值。

功率曲线取决于空气压力，失速调节的风机的功率曲线也受到系统频率的影响。

风力发电是将自然界中的风能转化为机械能，再将机械能转化为电能的能量转换过程。风能具有储量丰富、能源利用率高、环境要求低、建设周期短等优势，我国疆域辽阔，风能资源主要集中在华北、西北、东北地区以及东部沿海地区，其发电成本是除水电外目前可再生能源开发中最低的，但也存在诸如波动性和随机性大、低电压易脱网等不足。

3. 典型风力发电系统模型及相关并网方式

风力发电系统有很多分类方法，按照发电机的类型划分，可分为同步发电机型和异步发电机型；按照风机驱动发电机的方式划分，可分为直驱式和增速齿轮箱驱动式；更为普遍的是根据风机转速的不同，分为恒速/恒频型和变速/恒频型。

（1）恒速/恒频风力发电系统：发电机直接与电网相连，通过失速控制维持发电机转速恒定和频率稳定，一般以异步发电机直接并网的形式为主，结构如图 2-3 所示。恒速/恒频风力发电系统结构简单、成本低，缺点是无功功率不可控、输出功率波动较大以及风速的改变通常使风机偏离最佳运行转速等，从而使运行效率较低、容量通常较小，限制了此类风力发电系统的应用。

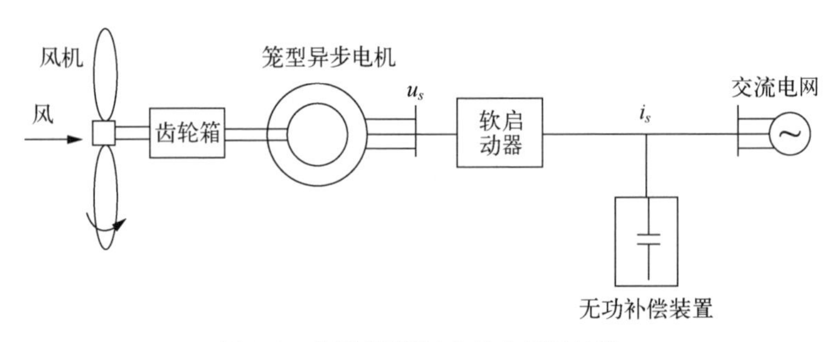

图 2-3 恒速/恒频风力发电系统结构

（2）变速/恒频风力发电系统：这是目前适用于规模化风电开发的主要风机类型，一方面，其能够根据风速的状况实时调节发电机转速，使风机运行在最佳叶尖速比附近，从而最大化风机的运行效率；另一方面，通过变流器的并网控制策略保证发电机向电网输出频率恒定的电功率。这类风力发电系统中较为常见的是双馈异步风力发电机和永磁同步风力发电机，其系统结构图分别如图 2-4 和图 2-5 所示。

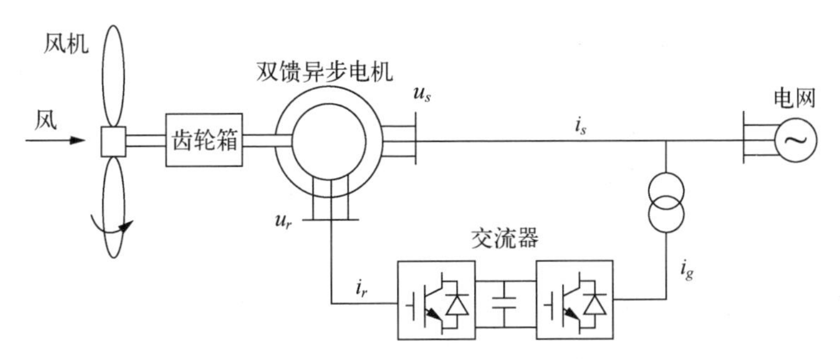

图 2-4 双馈异步风力发电系统结构

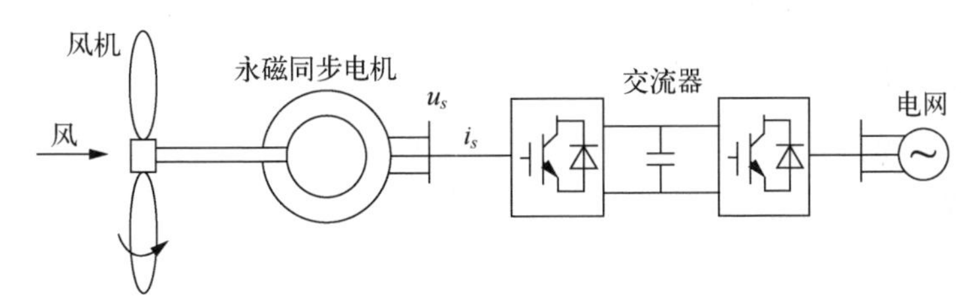

图 2-5 永磁同步风力发电系统结构

图 2-4 中，双馈异步电机的定子与电网直接相连，转子通过变流器与电网相连，变流器的作用是改变发电机转子电流的频率，保证发电机定子输出与电网频率同步，实现恒频变速控制。其最大的特点是转子侧能量可双向流动：当风机运行在超同步速度时，功率从转子流向电网；当运行在次同步速度时，功率从电网流向转子。双馈异步风力发电系统控制较为复杂、投资较大，但转子侧通过变流器可对有功无功进行控制，不需要无功补偿装置；风机采用变桨距控制，可以进行最大功率的跟踪，提高风能利用效率，因此一般应用于大型风力发电机组。

永磁同步风力发电系统基于变流环节可分为 3 种结构：第一种是通过不可控整流器接逆变器并网，该方法结构简单、投资低，但风速低时风机输出电压低，无法将能量回馈至电网；第二种是用不可控整流器加升压斩波电路实现永磁同步电机输出电流的交流到直流的变换，可以实现低风速下的风能利用，但发电机侧功率因数不为 1.0 且不可控，功率损耗相对较大；第三种方法如图 2-3 所示，发电机通过两个全功率变流器与电网相连，这种并网方式既可以灵活调节有功功率和无功功率（即功率因数），风机也可以采用变桨距控制，追踪最大风能利用率，缺点是需要有两个与发电机功率相当的可控桥，成本增大。

基于风力发电系统的物理结构和控制机理，下面以如图 2-4 所示的双馈异步风力发电机为例，介绍其包含空气动力系统、桨距控制部分、轴系、发电机部分等子模型的模型建立过程。双馈异步风力发电机能量转换的核心部件是风机，风机通过叶轮捕获风能并转化成机械能，再由发电机转化为电能，这个过程中能量的传递是通过轴系实现的。轴系模型描述了风机质块、齿轮箱质块和发电机质块相互作用的机械运动过程。齿轮箱质块惯性较小，一般可以忽略，在电力系统建模中多用两质块模型来描述轴系：

$$\begin{cases}\dfrac{\mathrm{d}\omega_w}{\mathrm{d}t}=\dfrac{1}{2H_t}\left\{T_w-K_{sh}\theta_{tw}-D_{sh}\left[\omega_w\left(\omega_w-\omega_g\right)\right]\right\}\\ \dfrac{\mathrm{d}\theta_{tw}}{\mathrm{d}t}=\omega_B\left(\omega_w-\omega_g\right)\\ \dfrac{\mathrm{d}\omega_g}{\mathrm{d}t}=\dfrac{1}{2H_g}\left[-T_e+K_{sh}\theta_{tw}+D_{sh}\left(\omega_w-\omega_g\right)\right]\end{cases} \tag{2-3}$$

式中，T_w、T_e 分别为风机机械转矩和发电机电磁转矩；H_t、H_g 分别为风机、发电机等效惯量；K_{sh} 为轴系等效刚度；D_{sh} 为轴系等效互阻尼；ω_B 为电气基准角速度；ω_w、ω_g 分别为风机、发电机转速；θ_{tw} 为低速轴相对于高速轴的扭转角。

T_w 由空气动力学可得

$$T_w=\frac{P_w}{\omega_w}=\frac{1}{2}\rho\pi R_w^2C_p\left(\lambda,\ \beta\right)\frac{v^3}{\omega_w} \tag{2-4}$$

式中，P_w 为风机功率；ρ 为空气密度；R_w 为风机叶片的半径；v 为风速；C_p 为风能利用系数，是风机叶尖速比 λ 和叶片桨距角 β 的函数，其中叶尖速比 λ 即为叶尖线速度与风速之比，$\lambda=\omega_wR_w/v$。

风能利用系数 C_p 可由式（2-5）获得

$$C_p(\lambda,\beta)=0.22\left(\frac{116}{\lambda_i}-0.4\beta-5\right)e^{\frac{-12.5}{\lambda_i}} \tag{2-5}$$

式中，λ_i 可表示为

$$\lambda_i=\frac{1}{\frac{1}{\lambda+0.08\beta}-\frac{0.035}{\beta^3+1}} \tag{2-6}$$

双馈异步风力发电机的控制通常是以矢量控制为主，在转子参考坐标系下的数学模型描述为：

$$\begin{cases}u_{sd}=-R_s i_{sd}+p\psi_{sd}-\omega\psi_{sq}\\u_{sq}=-R_s i_{sq}+p\psi_{sq}+\omega\psi_{sd}\\u_{rd}=R_r i_{rd}+p\psi_{rd}-\omega\psi_{rq}\\u_{rq}=R_r i_{rd}+p\psi_{rd}+\omega\psi_{rd}\end{cases} \tag{2-7}$$

定子、转子磁链表示为：

$$\begin{cases}\psi_{sd}=-L_s i_{sd}+L_m i_{rd}\\\psi_{sd}=-L_s i_{sq}+L_m i_{rq}\\\psi_{rd}=L_r i_{rd}-L_m i_{sd}\\\psi_{rq}=L_r i_{rq}-L_m i_{sq}\end{cases} \tag{2-8}$$

发电机电磁转矩表示为：

$$T_e=i_{sd}\psi_{sq}-i_{sq}\psi_{sd} \tag{2-9}$$

定子侧的有功功率 P_s 和无功功率 Q_s 可由式（2-10）计算

$$\begin{cases}P_s=u_{sd}i_{sd}+u_{sq}i_{sq}\\Q_s=u_{sq}i_{sd}+u_{sd}i_{sq}\end{cases} \tag{2-10}$$

式中，p 为微分算子；ω 为转子角速度；下标 s 和 r 分别代表定子侧和转子侧的分量；下标 d 和 q 为 $dq0$ 参考坐标系下的 d 轴和 q 轴分量；L_s、L_r、L_m 分别为定子自感、转子自感和定子与转子间的互感；u 为电压；i 为电流；R 为电阻；ψ 为磁链。

（二）风电系统运行最大功率跟踪

变速/恒频双馈风力发电系统运行控制的总体方案为：在额定风速以下风机按优化桨距角运行，由发电机控制系统实时调节转速和叶尖速比，实现最大功率追踪；在额定风速以上风机按变桨距运行，通过调节桨距角改变风能系数，进一步使机组的转速和功率控制在极限值以内，避免事故发生。因此，变速/恒频双馈风力发电机的主要工作方式为额定风速以下运行，以便实现最大风能利用的控制目标。在同一风速下存在一个最优转速从而追踪最大功率输出 $P^{\max}$ ，将不同风速下最大功率点整合，可得风机的功率–转速最优特性曲线，表示为

$$P^{\max}=\frac{1}{2}\rho\pi R_w^2v^3C_p\left(\beta^{opt},\lambda^{opt}\right)=\frac{1}{2}\rho\pi R_w^2v^3C_p\left(\beta^{opt},\frac{\omega^{opt}R_w}{v}\right)\tag{2-11}$$

变桨距变速控制系统就是为了在额定风速以下，控制风机按照式（2-11）功率–转速最优特性曲线运行，即在给定风速下以最佳转速 ω^{opt} 、最佳叶尖速比 λ^{opt} 、最佳桨距角 β^{opt} 运行，实现最大功率跟踪。

（三）风力发电变流器控制系统

典型的双馈风力发电并网控制系统如图 2-6 所示，发电机一般为三相绕线式异步电机，定子绕组直接并网传输电能，转子绕组外接变流器实现交流励磁。电机侧变流器的矢量控制思路是通过控制转子电流实现转差控制，达到定子电流频率恒定以及输出功率按给定值变化的目标，网侧变流器的控制比电机侧变流器简单，一般采用网侧变流器电压定向（grid converter voltage reference frame，GCVRF）控制，即将网侧变流器电压矢量定在 d 轴上实现 dq 轴的解耦控制，如图 2-7 所示，其中 i_{qref} 一般等于 0。

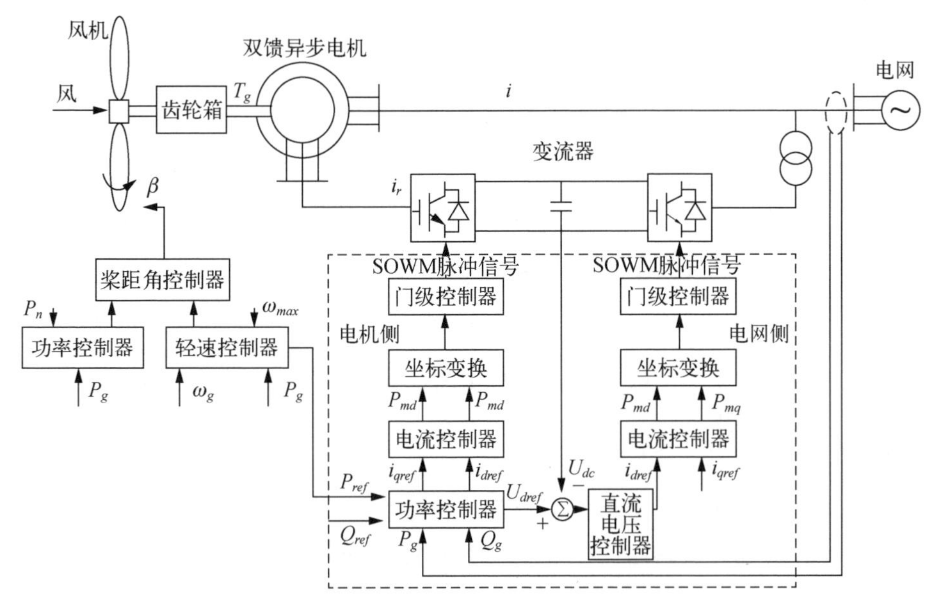

图 2-6　双馈风力发电并网控制系统结构

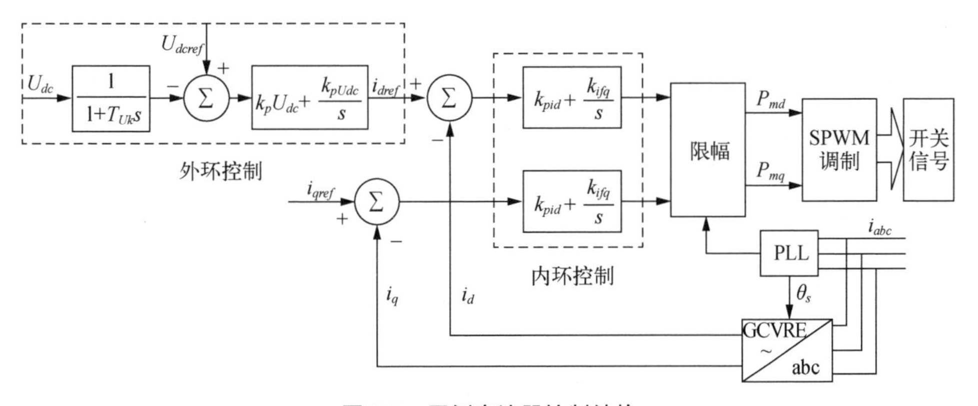

图 2-7　网侧变流器控制结构

二、光伏发电系统

（一）光伏发电基本原理与特性

太阳能是一种重要的可再生能源，具有资源丰富、开发利用方便、清洁无污染等优点，因而太阳能发电成为近年来备受关注的分布式发电方式之一。太阳能发电主要有两种方式：一种是太阳能热发电，另一种是太阳能光伏发电。其中，光伏发电凭借安全可靠、无噪声、无污染、安装维护简单等优点成为太阳能发电的主流。光伏电池的发展大致可分为 3 代：第一代材料类型为单晶硅（量产转换效率 23%）和多晶硅（量产转换效率 18.5%），特点是转换效率高、技术成熟，但受环境影响大、高污染；第二代以非晶硅、$CuInSe_2$ 和 CdTe 为材料，成本低、弱光下可发电，但普遍转换效率低（8% ~ 13%）、污染环境；第三代以染料敏化（转换效率 18%）、有机电池（转换效率 1%）和聚光电池为代表，前两者成本低、无污染，但稳定性差；聚光电池量产转换效率高达 30%，但成本高。目前第三代光伏电池技术仍处于探索开发阶段。

光伏电池工作原理：当太阳光照射到单体表面，载流子在内部 P-N 结作用下形成光生场，接通外电路后产生电流。由于 P-N 结的特性类似于二极管，可将光伏电池模型分为理想电路模型、单二极管模型和双二极管模型，其中双二极管模型对多晶硅光伏电池的输出特性拟合最好，更适用于光辐照度较低的情况。而单二极管模型相对简单，能较好地模拟光伏电池实际内部损耗和空间电荷扩散效应，等效电路如图 2-8 所示。

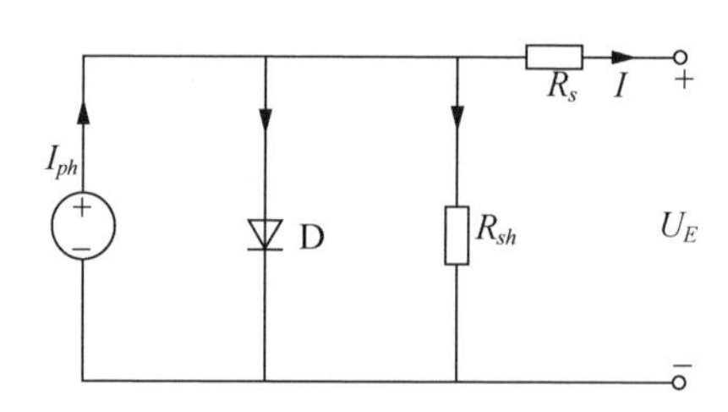

图 2-8　光伏电池的单二极管模型等效电路

由图 2-8 得到单二极管模型的输出伏安特性为：

$$I = I_{ph} - I_s\left[e\frac{q\left(U_E + IR_s\right)}{AKT} - 1\right] - \frac{U_E + IR_s}{R_{sh}} \tag{2-12}$$

式中，I 为光伏电池输出电流；U_E 为光伏电池输出电压；I_{ph} 为光生电流源电流；I_s 为二极管饱和电流；R_s 和 R_{sh} 分别表示光伏电池串联电阻和并联电阻；q 是电子电量常量（$q = 1.6 \times 10^{-19}$C）；k 是玻尔兹曼常数（$k = 1.38 \times 10^{-23}$J/K）；T 为工作温度；A 为二极管特性拟合系数。一般来说，厂家给出的 I-U 曲线是在 IEC 标准条件（光辐照度 S_{ref} = 100 W/m^2，工作温度 T_{ref} = 298 K）下获得，当实际光辐照度和温度与标准条件有差异时，需要对光生电流源电流 I_{ph} 和饱和电流 I_s 进行修正：

$$I_{ph}=\frac{S}{S_{ref}}\left[I_{phref}+C_T\left(T-T_{ref}\right)\right] \tag{2-13}$$

$$I_s=I_{sref}\left(\frac{T}{T_{ref}}\right)^3 e^{\frac{qE_g}{AK}}\left(\frac{1}{T_{ref}}-\frac{1}{T}\right) \tag{2-14}$$

式中，S 为实际光辐照度；I_{phref} 和 I_{sref} 分别为标准条件下的光生电流和二极管饱和电流；C_T 为温度系数，由厂家提供；E_g 为禁带宽度，与光伏电池材料有关。光伏电池作为光能转换的基本单元，单体输出功率较低，一般通过串并联形式构成光伏阵列，以获得较大的输出电压和输出功率。通常假定串并联的光伏模块具有相同的特征参数，若忽略模块间的连接电阻，则与单二极管等效电路相对应的光伏阵列等效电路如图 2-9 所示。

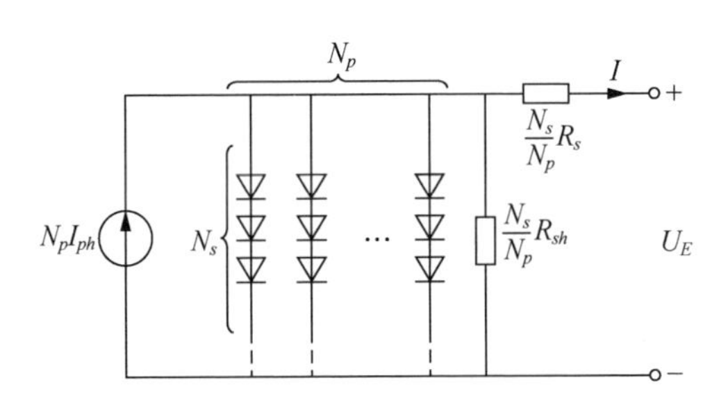

图 2-9　单二极管模型光伏阵列等效电路

由图 2-9 可见，形成的光伏阵列输出电流特性如下所示：

$$I=N_pI_{ph}-N_pI_s\left[e^{\frac{q}{AkT}\left(\frac{U_E}{N_s}+\frac{IR_s}{N_p}\right)}-1\right]-\frac{Np}{R_{sh}}\left(\frac{U_E}{N_s}+\frac{IR_s}{N_p}\right) \tag{2-15}$$

式中，N_s 和 N_p 分别表示串联和并联的光伏电池个数，其余变量定义与式（2-12）相同。根据实际运行工况，联合推导式（2-12）~式（2-15）可得出光伏电池（阵列）

的数学模型。

1. 光伏发电的基本原理

光伏发电是指利用光伏电池将太阳辐射能量直接转化为电能的发电方式。

根据入网方式和安装类型，太阳能光伏发电系统可以分为独立光伏发电系统（也称离网型）、并网光伏发电系统和混合光伏发电系统。

（1）独立光伏发电系统。独立光伏发电系统一般由太阳能电池组件、充放电控制器、蓄电池、逆变器以及负载等部分构成。如果负载为直流负载，太阳能电池产生的电能可以直接供给直流负载。如果为交流负载，太阳能电池产生的电能通过逆变器将直流变换为交流之后供给交流负载。目前，一般的光伏发电系统都会带有蓄电池储能装置，当夜间或者阴雨天等太阳能电池无法出力或者出力不足时，可以由蓄电池储能装置向负载供电。直流负载光伏发电系统一般是用在夜间照明（如路灯照明等）、交通指示用电源、远离电网的农村用电等场合。交流负载光伏发电系统主要用于家庭电器设备，如电视机、空调等。由于家用电器设备基本上为交流设备，所以必须将太阳能电池出力的直流电转换为交流电。交、直流负载光伏发电系统可以同时为直流设备和交流设备供电。

（2）并网光伏发电系统。并网光伏发电系统是将太阳能电池阵列产生的电能通过变流器逆变成交流接入电力系统中。并网光伏发电系统可以分为子类：有逆潮流并网系统、无逆潮流并网系统、独立运行切换型太阳能光伏系统。

①有逆潮流并网系统。有逆潮流并网系统在太阳能电池阵列出力供给负载后，有剩余电能且剩余电能流向电网。这种系统可以充分发挥太阳能电池的发电能力，使电能得到充分利用，同时，如果太阳能电池的出力不能满足负载的需求时，可以从电力系统得到电能，这种系统可用于家庭用电、工业用电等场合。

②无逆潮流并网系统。无逆潮流并网系统是太阳能电池出力供给负载，即使有剩余电能，剩余电能也不能流向电网。如同有逆潮流并网系统在太阳能电池出

力不满足负载需求时一样，这种系统也可以从电力系统得到电能。

③独立运行切换型光伏系统。独立运行切换型光伏系统一般用于灾害、救灾等情况。这种系统通过并网保护装置与电力系统连接。当灾害发生的时候，通过并网保护装置将光伏系统与电力系统分离，向灾区的紧急负荷供电。

（3）混合光伏发电系统。除了独立光伏发电系统和并网光伏发电系统外，目前还出现了混合光伏发电系统，它是指将一种或者几种发电方式同时引入光伏发电系统中，联合向负载供电的系统。由于光伏发电系统有一定的局限性，如果完全用光伏发电系统来满足负载用电需求，太阳电池方阵和蓄电池的容量要增加许多，对成本的要求也会提高很多。所以在混合光伏发电系统中，除了太阳能电池外，还可以增加燃油发电机或风力发电机作为备用电源。平时由光伏系统供电，冬天或阴雨天太阳辐射不足时使用柴油发电机供电，这样就可以节省投资。

混合光伏发电系统的优点很多，如对天气的依赖较小、昼夜发电、投资成本相对比单一光伏发电系统低等。但是这套系统的缺点也很明显，由于是混合发电，所以控制起来比较复杂、安装设计的工程量大、维护困难、会产生一定的噪声和污染，最大的缺点是混合光伏发电系统一般是离网的，离网的光伏发电系统无法享受到每发一度电，国家给的 0.42 元/度电的补贴。

不过，目前国内的光伏发电系统基本都是并网发电的，这里只是指出光伏发电可以混合其他发电系统一起运行，除了没有电网覆盖、无法并网发电的部分偏远地区以外，不建议使用这种混合光伏发电系统。

2. 光伏发电的特征

（1）太阳能光伏发电系统的优缺点。

①光伏发电系统的优点：太阳能无枯竭危险；太阳能纯净、无污染；基本不受资源分布地域的限制；可在负载处就近发电；能源质量高；管理维护方便。

②光伏发电系统的缺点：照射的能量分布密度小；造价比较高；太阳能电池

的出力随入射光、季节、天气、时刻等的变化而变化，夜间不能发电。

（2）太阳能电池的等效电路。太阳能电池是整个光伏发电系统的核心部件。太阳能电池的等效电路是由恒流发生器、二极管和负载电阻组成的。

（3）太阳能电池的伏安特性。在没有光照的时候，太阳能电池起着二极管的作用，外加电压和电流之间的关系曲线称为光电池的暗特性曲线。在有光照的情况下，输出电压和通过负载的工作电流的关系曲线称为太阳能电池的伏安特性曲线。如图 2-10 所示。

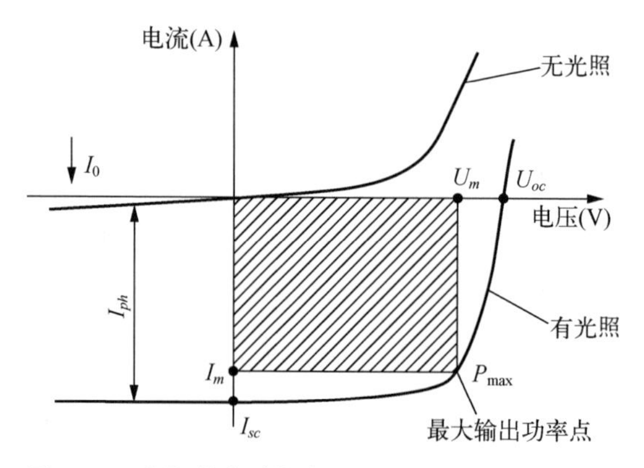

图 2-10　太阳能电池的电压——电流特性关系曲线

（4）太阳能电池的温度特性。如图 2-11 所示是太阳能电池的温度特性曲线，可见，太阳能电池的特性随温度的上升，短路电流 I_{sc} 增加，温度继续上升时，开路电压 U_{oc} 减小，太阳能电池出力减小。

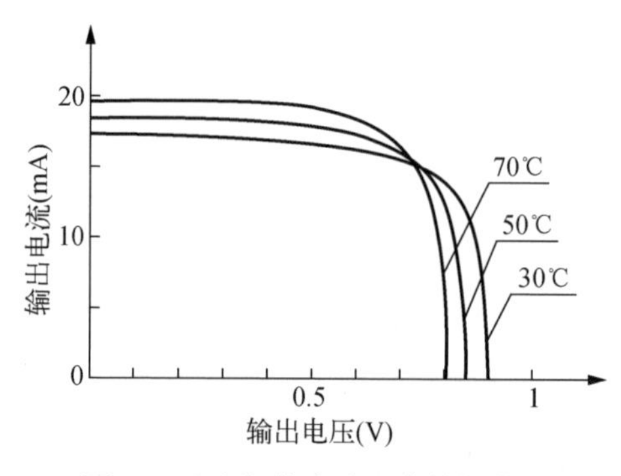

图 2-11　太阳能电池温度特性曲线

（二）输出特性与最大功率跟踪

如图 2-12 和图 2-13 所示为不同光辐照度和环境温度下，光伏阵列的实际 *U-I* 曲线和 *U-P* 曲线，曲线上有三类特殊点：①输出短路点，I_{sc} 为光伏阵列输出电压为零时的短路电流；②输出开路点，U_{oc} 为光伏阵列输出电流为零时的开路电压；③最大功率输出点，$P_{mp}=U_{mp}I_{mp}$，对应伏安特性上所能获得的最大功率，该点处满足 $\mathrm{d}P/\mathrm{d}U=0$。

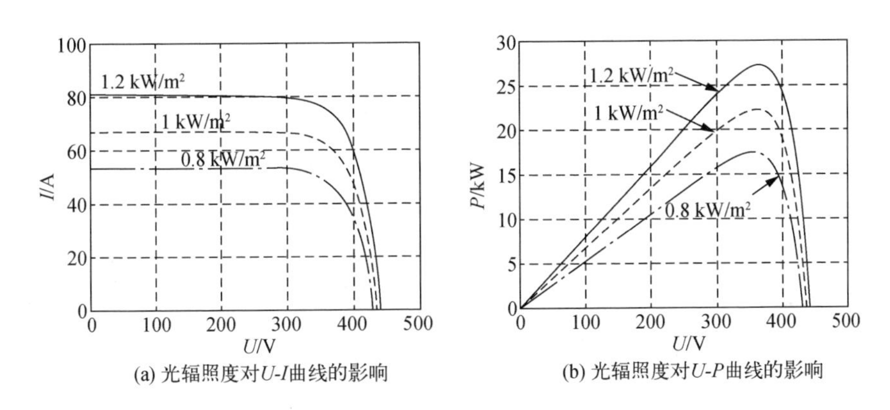

(a) 光辐照度对*U-I*曲线的影响　(b) 光辐照度对*U-P*曲线的影响

图 2-12　光辐照度对光伏阵列伏安特性的影响

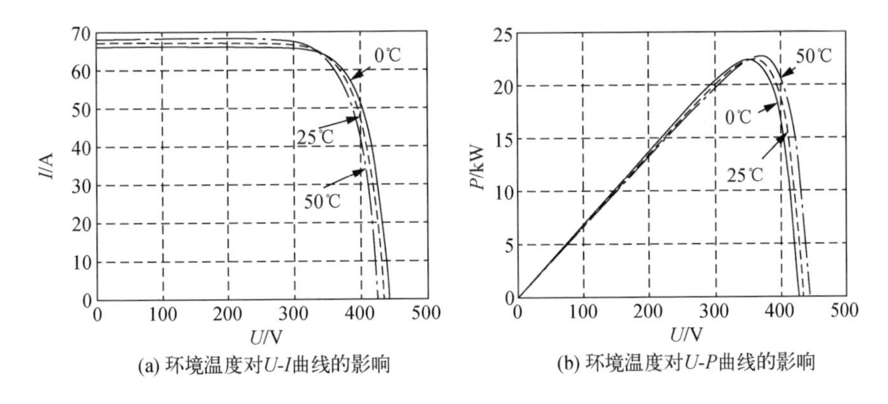

(a) 环境温度对*U-I*曲线的影响　(b) 环境温度对*U-P*曲线的影响

图 2-13　环境温度对光伏阵列伏安特性的影响

由图 2-12 和图 2-13 可知，在光辐照度和环境温度一定的情况下，光伏阵列存在多个工作状态，可以输出不同的电压、电流和功率，并且存在唯一的状态点，使光伏阵列输出的功率最大。在实际运行的光伏发电系统中，应该根据光伏阵列的伏安特性，利用相关控制策略，保证其工作在最大功率输出状态，最大限度地提高运行效率，即最大功率点跟踪（maximum power point tracking，MPPT）控制20。目前 MPPT 算法很多，包括扰动观测法、电导增量法、电流扫描法等传统方法以及神经网络控制、模糊控制等智能方法。扰动观测法由于原理简单、被测参数少而得到广泛应用，其算法流程如图 2-14 所示。其中 U_n 、I_n 表示当前时刻采样到的输出电压和电流；U_{n-1} 、I_{n-1} 表示上一时刻采样到的输出电压和电流；ΔU 表示输出电压扰动量。其工作原理是：周期性地对光伏阵列电压施加一个小的扰动，并观测输出功率的变化方向，决定下一步的控制信号 U_{n+1}；若输出功率增加，则继续朝着相同的方向改变工作电压，否则朝着相反的方向改变。扰动观测法实现简单，当采用较大周期扰动量 ΔU 时可以较快地实现最大功率输出，但是稳态精度较低；当采用较小扰动量 ΔU 时会造成跟踪速度较慢。在实际系统运行中，

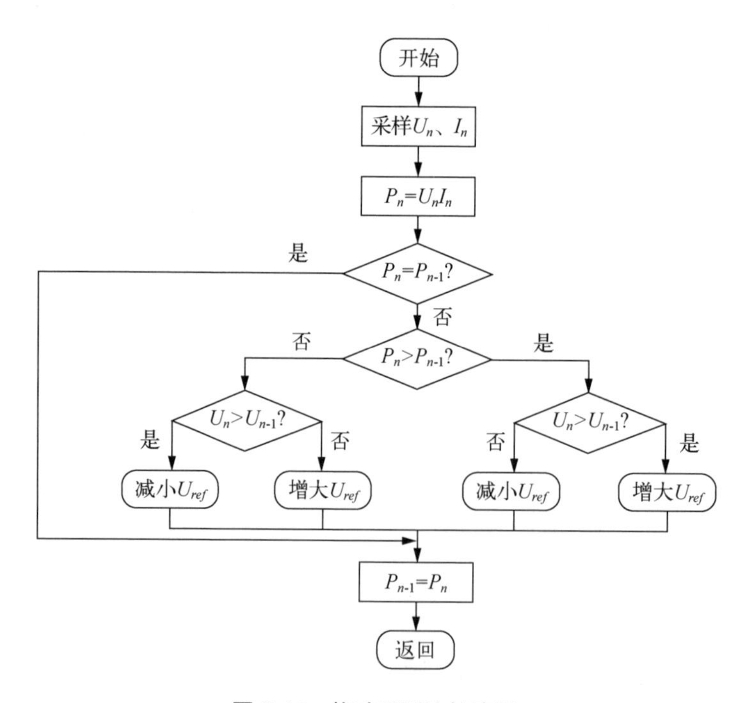

图 2-14　扰动观测法的流程

可以根据光伏阵列工作点实时改变扰动步长提高扰动观测法的跟踪动态。但该算法也存在不足之处：在光照发生突变时，该算法可能会造成误判而不能跟踪最大功率点，同时，该算法会始终对电压进行扰动，所以光伏电池会一直运行在最大功率点附近，而不能获得最大输出功率。

（三）光伏并网发电系统模型

光伏电池是一种直流电源，一般需要通过电力电子变换装置将直流电转换为交流电后接入电网，其输出特性决定了光伏发电系统可以通过控制进行最大功率点跟踪以提高太阳能的利用效率。目前，应用较多的光伏发电系统主要有单级式和双级式两种，其并网控制结构分别如图 2-15 和图 2-16 所示。

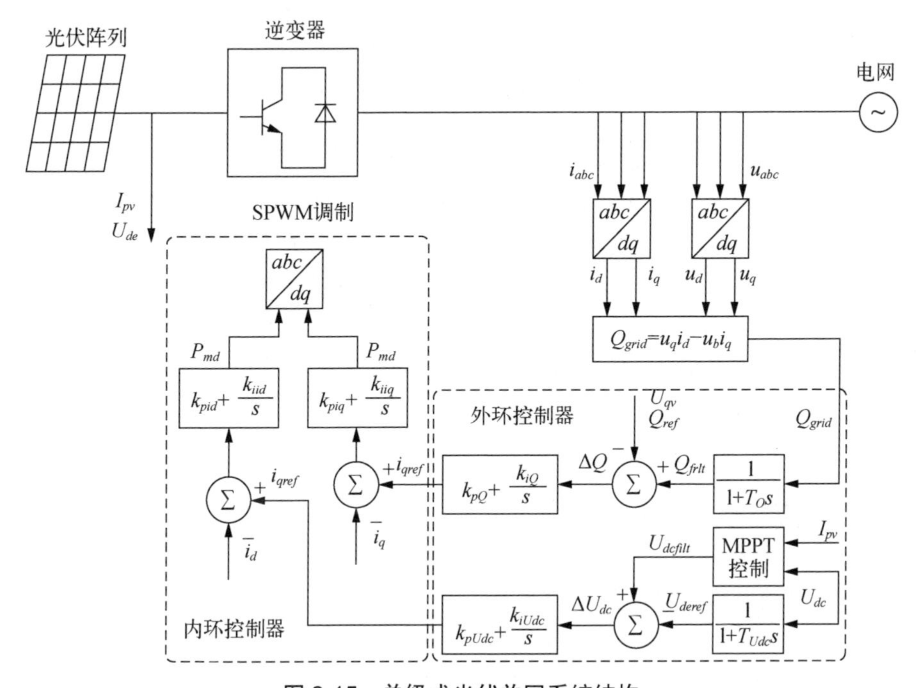

图 2-15　单级式光伏并网系统结构

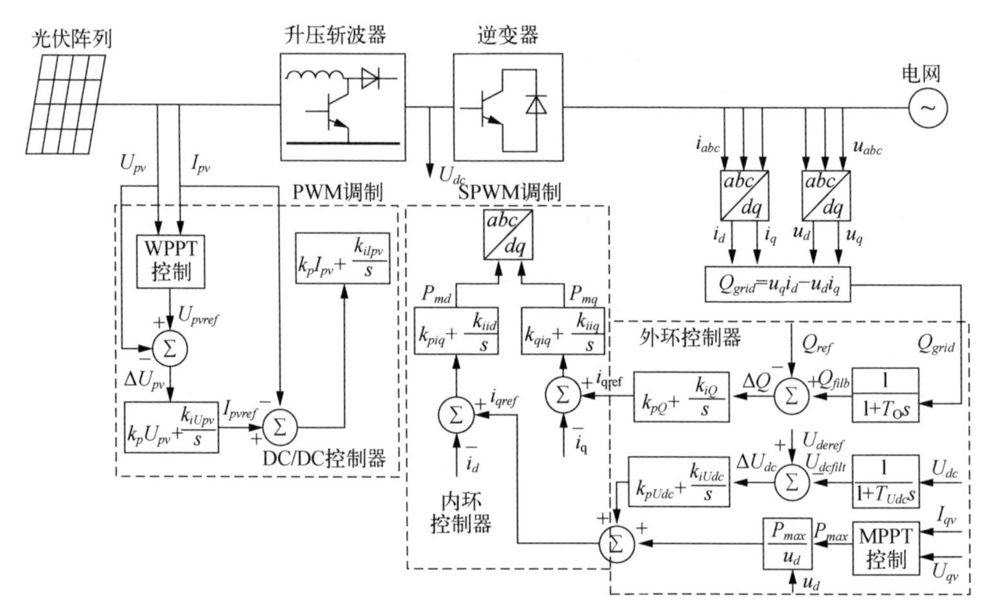

图 2-16 双级式光伏并网系统结构

单级式光伏发电系统的光伏阵列直接连接到逆变器上，结构简单，成本低，能量转换效率高，但 MPPT 控制与光伏功率控制需同时集成到逆变器上，控制系统较为复杂。双级式光伏发电系统在光伏阵列与逆变器之间增加了 DC/DC 控制器（升压电路结构）进行电压变换，在 DC/AC 上采用恒直流电压恒无功功率控制，并设置无功功率参考值为零，从而实现光伏阵列最大功率的输出，虽然较单级式光伏发电系统降低了能量转换效率，但使 MPPT 控制与光伏并网控制解耦，控制系统简单，得到广泛关注。

三、微型燃气轮机

（一）微型燃气轮机概述

燃气轮机是一种以燃料（燃气或燃油）和空气为介质的旋转式热力发动机。根据装置的体积和质量，可分为轻型燃气轮机和重型燃气轮机。

轻型燃气轮机主要作为航空发动机使用，特点是体积小、重量轻、启动快；

重型燃气轮机一般用于联合循环发电、冷热电联产等领域，其优势在于运行可靠、联合循环组合效率高。

按照功率大小，燃气轮机可分为大型燃气轮机（功率为 100 MW 及以上）、中型燃气轮机（功率为 20 ~ 100 MW）、小型燃气轮机（功率一般在 20 MW 以下）、微型燃气轮机（功率小于 300 kW）。

微型燃气轮机的结构和基本工作原理与大、中型燃气轮机基本相同，其特点是小型化和轻型化，占地面积小，整个装置只有一台电冰箱大小。

微型燃气轮机可以使用各种燃气或燃油作为燃料，由加压预热的空气和燃料燃烧产生的高温高压燃气对涡轮膨胀做功，进而带动同轴的发电机发电，同时带动同轴的空气压缩机对吸入的空气加压，做功后的高温燃气被引回用于对吸入空气进行预热，最后再进行余热利用，从而提高整个装置的综合利用效率。

整个系统废气和废热排放极少，对环境影响程度较轻，适合企业、医院、学校，甚至家庭单独分散使用，是典型的分布式发电系统。

目前，世界上致力于微型燃气轮机商业化生产的代表性厂商主要有美国的 Capstone 公司、Ingersoll Rand 公司和英国的 Bowman Power 公司等。

美国的 Capstone 公司生产的微型燃气轮机主流产品型号为 C30（30 kW）、C65（65 kW）、C200（200 kW），其特点主要有：连续运行或者根据需要断续运行；可以独立运行或者并网运行；单台运行或者多台并联运行；燃料类型多种多样，可以是低压或者高压的天然气、生物气、瓦斯气体、柴油、丙烷气和煤油等。

美国的 Ingersoll Rand 公司于 2004 年推出了 MT250 产品，单机容量为 250 kW，其特点主要有：整体系统效率高；离网并网双模式运行间实现不停电切换；设计寿命 80 000 h；装置结构紧凑，占地面积小；可与废热利用单元组成热电联产系统。

英国的 Bowman Power 公司的主要产品为 TG80 系列，作为一种高效的联合循环热电联产系统，其特点是运行稳定而无振动，系统综合热效率高达 80%，电力输出功率为 80 kW，热力输出功率为 420 kW，运行方式灵活，燃料范围宽泛，天然气、液化石油气、丙烷、丁烷及液态燃料均可。

（二）单轴式微型燃气轮机

微型燃气轮机是一种小型涡轮式热力发动机，以天然气、甲烷、汽油等为燃料，可同时提供电能和热能，单机功率一般在数十千瓦到数百千瓦之间，具有发电效率高、占用空间少、有害气体排放少、安装维护简单等优点，微型燃气轮机通常用于航空航天、车辆混合动力装置、分布式发电和冷热电联供等领域。微型燃气轮机也可直接与燃料电池（如固体氧化物燃料电池、熔融碳酸盐等）实现混合发电，发电效率可达 60%以上，是目前世界上最先进的清洁能源发电方式之一，因而得到了广泛的研究。目前，微型燃气轮机发电系统主要有单轴式和分轴式两种结构，以下分别介绍其模型。

1. 单轴式微型燃气轮机

单轴式微型燃气轮机的压气机、燃气涡轮与发电机同轴，通过电力电子装置整流逆变，具有结构紧凑、效率高、运行灵活等优点，其结构原理如图 2-17 所示。

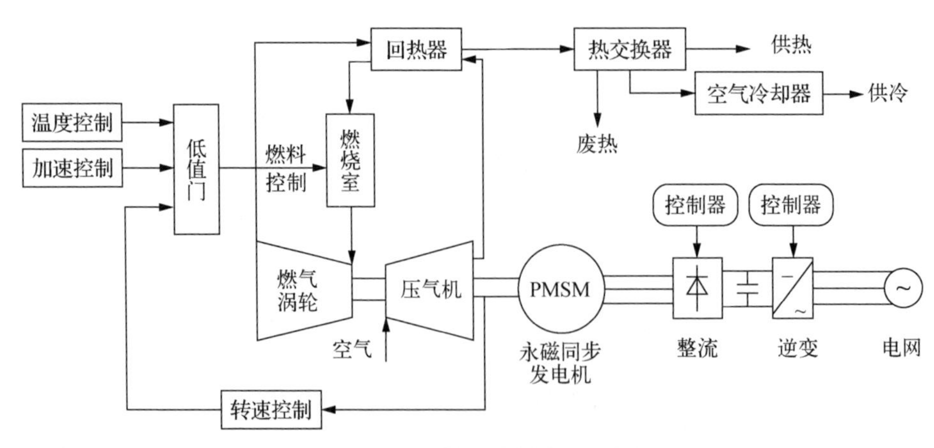

图 2-17　单轴式微型燃气轮机工作原理

微型燃气轮机的主要组成部分通常包括发电机、压气机、燃烧室、燃气涡轮等部件，有时也在动力装置中增加空气冷却器、回热器等装置以提高循环的热效率。在单轴式微型燃气轮机中，压气机从周围吸收空气，并进行压缩以产生高压空气送往燃烧室。在燃烧室中，压气机产生的高压气体与燃料混合并充分燃烧，将燃料的化学能转化为热能，之后产生的高温燃气在燃气涡轮中膨胀做功，将燃气的热能转化为燃气轮机转轴的机械能。产生的机械能除一部分用于带动压气机产生的高压气体外，其余的带动永磁同步发电机发电。永磁同步发电机发出的高频交流电通过 AC/DC 和 DC/AC 变换成工频交流电，并接到电网中。

根据研究目的不同，微型燃气轮机的数学模型也有所不同。如图 2-18 所示为典型微型燃气轮机模型的传递函数框图，共包括 5 个部分：转速控制、加速控制、温度控制、燃料系统以及压缩机–涡轮机系统。

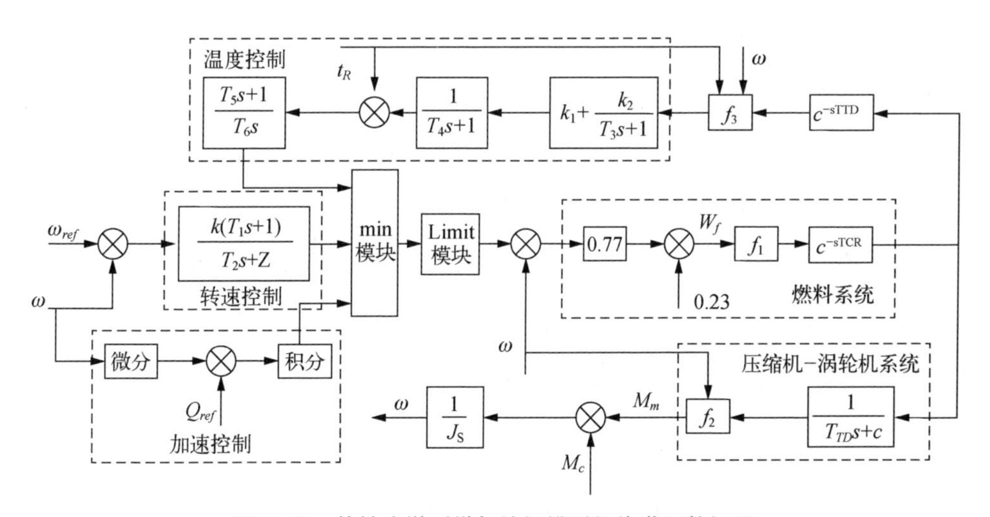

图 2-18　单轴式微型燃气轮机模型的传递函数框图

在图 2-18 中，ω 为发电机转速的标幺值；t_R 为参考温度，单位为℃；M_m 为机械转矩的标幺值；M_c 为电磁转矩（即负载转矩）的标幺值；f_1 为燃料系统中阀门定位器与燃料制动器的传递函数；f_2 为压缩机–涡轮机系统中涡轮转矩的输出函数；f_3 为排气温度函数。这些函数的表达式分别如式（2-14）~ 式（2-16）

所示。

$$f_1 = \frac{1}{(0.05s+1)(0.4s+1)} \tag{2-14}$$

$$f_2 = 1.3(W_f - 0.23) + 0.5(1-\omega) \tag{2-15}$$

$$f_3 = t_R - 700(1 - W_f) + 550(1-\omega) \tag{2-16}$$

式中，W_f 为燃料流量信号的标幺值。图 2-17 中的加速控制环节可以限制机组启动过程中的加速度，在微型燃气轮机达到额定转速后，加速控制环节会自动关闭。转速控制环节通过调节微型燃气轮机的燃料需求量，从而保证在一定的负载变化范围内燃气轮机转速基本不变。温度控制环节通过改变燃料量控制燃气涡轮的温度在合适的范围内，从而起到保护微型燃气轮机的作用，防止温度过高影响系统安全和机组寿命。加速控制、转速控制和温度控制所产生的 3 个燃料参考指令通过选择和限值控制产生燃料系统的燃料参考值。燃料系统环节中分别用两个一阶惯性环节来模拟阀门定位和燃料调节，以实现燃料的控制与调节。压缩机涡轮机环节是微型燃气轮机的核心环节，实现热能到涡轮机械能的转变。

单轴式微型燃气轮机发电系统并网结构与直驱风力发电系统相似，一般采用永磁同步发电机，通过整流器和逆变器实现并网。整流器主要对同步发电机进行控制，将发电机输出的高频交流电转化为直流电，一般采用矢量控制。常用的矢量控制方法有：定子 d 轴零电流（$i_{sd}=0$）控制、输出电压控制、发电机输出功率因数控制、最大转矩电流比控制、最大输出功率控制等，其中 $i_{sd}=0$ 控制能够实现定子磁场与转子永磁磁场相互独立，控制最为简单；输出电压控制能够对永磁同步发电机输出电压和直流侧电压进行调节。逆变器主要实现对输出有功功率和无功功率的解耦控制。典型的单轴式微型燃气轮机发电系统如图 2-19 所示。

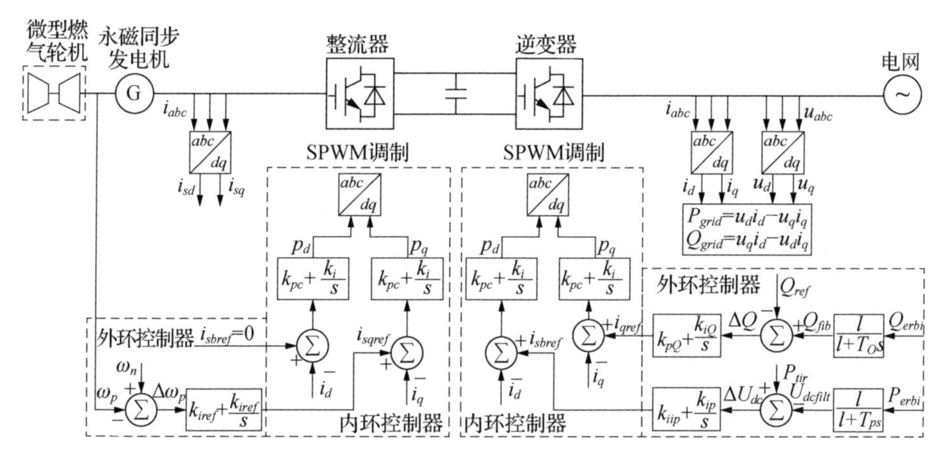

图 2-19 单轴式微型燃气轮机发电系统典型并网结构

2. 分轴式微型燃气轮机

分轴式微型燃气轮机的动力涡轮和燃气涡轮采用不同转轴，动力涡轮通过变速齿轮与发电机相连，可直接并网运行，但发电机转速较低且齿轮箱维护费用高。其结构原理图如图 2-20 所示。

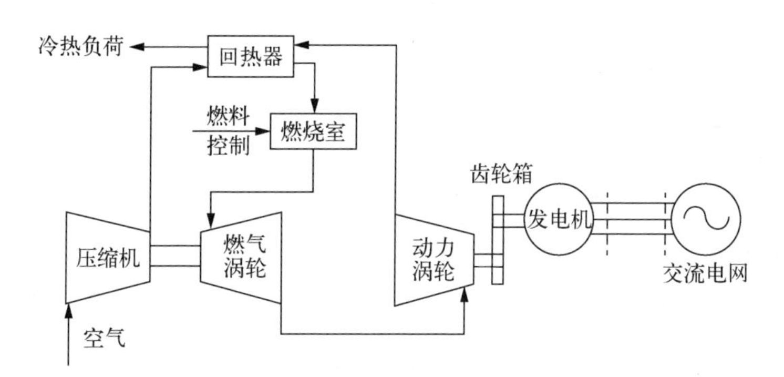

图 2-20 分轴式微型燃气轮机工作原理

分轴式微型燃气轮机发电系统的工作原理与单轴式方式相似，不同之处在于燃气涡轮产生的能量除了为压缩机提供动力外，其余以高温高压燃气形式进入动力涡轮，由齿轮箱带动发电机（既可以是同步发电机，也可以是感应发电机）将机械能转换为电能传递给交流电网。对于分轴式微型燃气轮机的控制方式，有功功率控制主要通过燃气轮机的调节方式实现，无功功率控制通过发电机本身的励磁调节系统实现。当发电机采用感应电机时，还需要应用无功补偿装置进行无功功率调节。

四、生物质能发电

（一）生物质和生物质能发电的概念

1. 生物质和生物质能

生物质（biomass）是指有机物中除化石燃料外的所有来自动物、植物和微生物的物质，包括动物、植物、微生物以及由这些生命体排泄和代谢的所有有机物。

生物质能的开发利用就是将生物质能转化为人们所需要的热能或电能。生物质来源广泛，种类繁多。获取生物质的途径大体上有两种：一种是有机废弃物的回收利用，另一种是专门培植作为生物质来源的农林作物等。具体来说，包括：

（1）木材及森林工业废弃物和短期伐林；

（2）农作物及废弃物；

（3）油料或糖类植物；

（4）城市和工业有机废弃物；

（5）人类和动物粪便。

此外，某些光合成微生物也可以形成有用的生物质。

2. 生物质能发电

生物质能发电是利用生物质直接燃烧或生物质转化为某种燃料后燃烧所产生的热量发电的技术。生物质能转化为热能的形式很多，主要包括：

（1）直接燃烧，利用有机物的直接氧化过程产生大量的热能；

（2）制取沼气，有机物质在厌氧条件下经过微生物发酵生成以甲烷为主的可燃气体，沼气经过脱硫及其他的清洁处理后可以作为可燃气体直接燃烧而获得热能；

（3）制取乙醇和甲醇，植物纤维素经过一定工艺的加工可以制取乙醇或甲醇等热值很高的液体燃料，可以直接燃烧提供热能；

（4）生物质气化，可燃性生物质在高温条件下经过干燥、干馏热解、氧化还原等过程后产生可燃气体含量较多的混合气体，可以通过燃烧的方式提供热能。

生物质能发电的流程大致分为两个阶段：一般先把各种可利用的生物原料收集起来，通过一定程序的加工处理，转变为可以高效燃烧的燃料；然后再利用燃料直接或间接做功发电。

3. 生物质能发电的特点

（1）就近满足。与常规发电方式及风电等其他可再生能源发电相比，生物质能更适合分散建设，就近利用。生物质更接近人类生活的场所，不需外运燃料和远距离输电，可以对人类用电的需求就近满足。尤其适用于居住分散、人口稀少、用电负荷较小的农牧业区及山区。

（2）能源借鉴。生物质的组织结构与常规的化石燃料相似，其利用方式与化石燃料类似。可以借鉴常规能源的利用技术，技术发展快。

（3）碳排量少。与风电、太阳能发电等可再生能源发电方式相比，生物质能发电仍会产生碳排放，但要比常规火电厂少很多。更重要的是，由于生物质来自二氧化碳（光合作用），燃烧后产生二氧化碳，在其自然循环周期内，并不会增加大气中的二氧化碳的含量。这与在亿万年前吸收了二氧化碳而在当今时代排放二氧化碳的化石燃料不同。

（4）废物利用。生物质能发电，除了自身产生的环境污染物少之外，还可实现废物利用，顺便解决了废物和垃圾的处置问题，对环境有清理的作用。

（二）生物质能发电的常见形式

1. 秸秆燃烧发电

生物质直接燃烧发电就是直接以经过处理的生物质为燃料，按需转换为其他形式的燃料，用生物质燃烧所释放的热量，在锅炉中产生高压过热蒸汽，通过汽轮机的涡轮膨胀做功，驱动发电机发电。

直接燃烧发电是最简单、最直接的生物质发电方法。最常见的生物质原料是农作物的秸秆、薪炭木材和一些农林作物的其他废弃物。由于生物质质地松散、能量密度较低，其燃烧效率和发热量都不如化石燃料，而且原料需要特殊处理，因此设备投资较高，效率较低，即便是在将来，情况也很难有明显改善。为了提高热效率，可以考虑采取各种回热、再热措施和联合循环方式。生物质直接燃烧发电的原理和发电过程与常规的火力发电是一样的，所用的设备也没有本质区别，因而其控制和运行没有特殊性，大致相当于小规模的火电厂。

直接燃烧发电是出现较早的生物质发电方式。丹麦是世界上最早利用生物质能发电的国家之一。世界性的石油危机爆发后，丹麦就开始大力推行秸秆等生物质发电。从 1988 年丹麦诞生世界上第一座秸秆生物燃烧发电厂到现在，该国已经拥有此类发电厂 100 多家，所产生能源占到全国能源利用的 24%。2000 年，英国建成第一个以农作物秸秆为燃料的发电厂，装机容量为 1.38 MW。

我国每年废弃的农作物秸秆约有 2 亿 t，折合标准煤约为 1 亿 t。如果将这些秸秆用于发电，可建 1000 个 25 MW 的小型电站，相当于 2 个“三峡”的发电量，每年可节省 8000 多万 t 标准煤，相当于减少排放 1.8 亿 t 二氧化碳。

2. 生物质气化发电

生物质气化发电的基本原理是把生物质转化为可燃气，再利用可燃气推动燃气发电设备进行发电。它既能解决生物质难以燃用而又分布分散的缺点，又可以充分发挥燃气发电技术设备紧凑而污染少的优点。

生物质气化发电过程包括以下 3 个部分。

（1）生物质气化。把固体生物质转化为燃气。

（2）气体净化。气化出来的燃气都带有一定的杂质，包括灰分、焦炭和焦油等，需经过净化系统把杂质除去，以保证燃气发电设备的正常运行。

（3）燃气发电有多种方案，一般利用燃气轮机或燃气内燃机发电，也可以用余热锅炉和蒸汽轮机发电，以提高能量利用率。

生物质气化发电技术的优势主要表现在建设规模的灵活性上：可以采用内燃机、燃气轮机，也可以结合余热锅炉和蒸汽发电系统，对于不同的发电规模都有合适的发电设备可供选择，从而在各种规模下都有较高的发电效率，尤其能很好地适应生物质资源分散利用。由于规模大小均可方便建设，局限性小，而且燃气发电过程简单，设备紧凑，所以它比其他可再生能源发电系统的占地和投资要小。总的来说，生物质气化发电技术是生物质能最高效、最洁净的利用方法之一，也是最经济的可再生能源发电技术之一。

生物质气化发电系统由于采用气化技术，与燃气发电技术不同，其系统构成和工艺过程有很大的差别。用来气化固体燃料的设备叫作气化炉，生物质在气化炉中进行气化反应而生成可燃气，从气化形式上来看，生物质气化过程可以分成固定床和流化床两大类。固定床气化包括上吸式气化、下吸式气化和外心式气化 3 种；流化床气化包括循环流化床气化和双流化床气化两种。

如图 2-21 所示为上吸式固定床气化炉结构，上吸式固定床气化炉的物料由气化炉顶部加入，气化剂（空气）由炉底部经过炉栅进入气化炉，产出的燃气通过气化炉内的各个反应区后从气化炉上部排出，气流流动方向与向下移动的物料运动方向相反，向下流动的生物质原料被向上流动的热气体烘干脱去水分，干生物质进入裂解区后获得更多的热量，发生裂解反应，析出挥发分，产生的炭进入还原区，与氧化区产生的热气体发生还原反应，生成一氧化碳和氢气等可燃气体，反应中没有消耗掉的炭进入硫化区与进入氧化区的空气发生氧化反应，灰分则落入灰室而被排出。

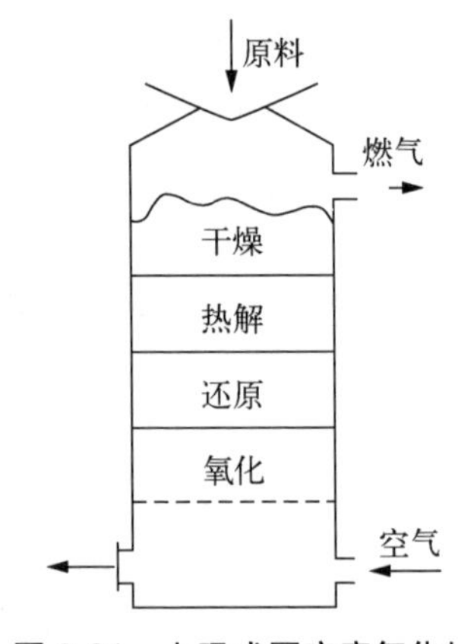

图 2-21 上吸式固定床气化炉

流化床和固定床的最大区别在于流化床中生物质的气化过程需要流化介质砂子的参与，且在流化炉内呈沸腾状态，因此适用于较小生物质颗粒，流化床气化炉内有个热砂床，生物质的燃烧和气化反应都在热砂床上进行，在吹入的气化剂作用下，物料颗粒、流化介质砂子和气化介质空气充分接触而均匀受热，在炉内呈悬浮状态，气化反应速度快，产气率高，是唯一在恒温床上反应的气化炉。

如图 2-22 所示为循环流化床气化炉结构，原料和砂子在吹入气化介质的作用下在炉内充分反应气化，产出气中大量固体颗粒在经过分离器时被分离而重新返回流化床，重新进行气化反应，从而提高炭的转化效率。

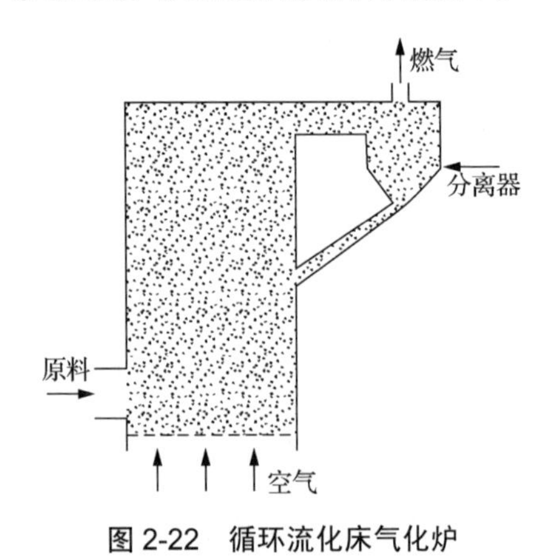

图 2-22 循环流化床气化炉

从燃气发电过程上看，气化发电可分为内燃机发电系统、燃气轮机发电系统以及燃气—蒸汽联合循环发电系统。

内燃机发电系统以简单的燃气内燃机组为主，既可以单独燃用低热值燃气，也可以燃气、燃油两用，它的特点是设备紧凑、系统简单、技术较成熟可靠。

燃气轮机发电系统采用低热值燃气轮机，燃气需增压，否则发电效率较低，由于燃气轮机对燃气质量要求高，并且需有较高的自动化控制水平，所以一般单独采用燃气轮机的生物质气化发电系统较少。

燃气—蒸汽联合循环发电系统是在内燃机、燃气轮机发电的基础上增加余热蒸汽的联合循环，这种系统可以有效地提高发电效率。

一般来说，燃气—蒸汽联合循环的生物质气化发电系统采用的是燃气轮机发电设备，而且最好的气化方式是高压气化，构成的系统称为生物质整体气化联合循环，它的一般系统效率可以达 40%以上。

比较常见的生物质循环流化床气化发电装置主要由 6 个部分组成：进料装置、燃气发生装置、燃气净化装置、燃气发电装置、控制装置和废水处理设备。如图 2-23 所示为瑞典 Vernamo 生物质示范电站的结构。

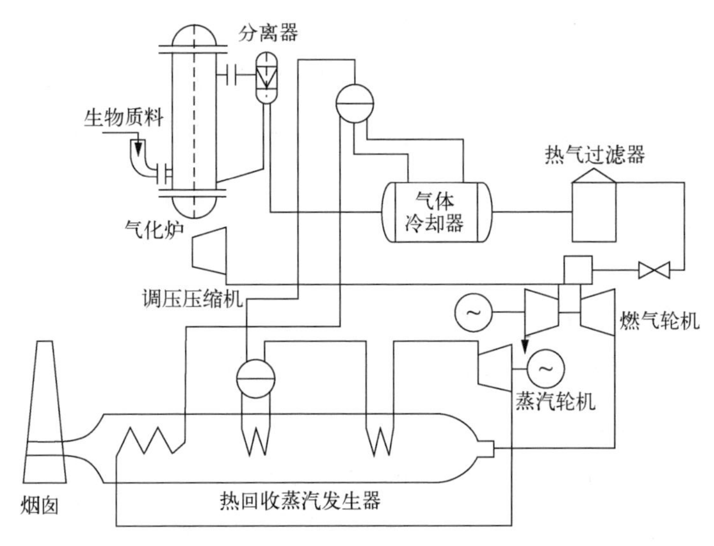

图 2-23　瑞典 Vernamo 生物质示范电站的结构

采用高压循环流化床技术和高温过滤技术产生高温燃气，高温高压燃气直接送入燃气轮机进而带动发电机发电，内燃气轮机出来的高温尾气进入余热锅炉产生蒸汽，而后进入蒸汽轮机发电，从而充分利用生物质中储存的能量，提高整个系统的综合利用率。

3. 沼气发电

人和动物的粪便、农作物的秸秆、谷壳等农林废弃物、有机废水等有机物质，在密封装置中利用特定的微生物分解代谢，能够产生可燃的混合气体。由于这种气体最早是在沼泽中发现的，所以称为沼气。

沼气的主要成分是甲烷（CH_4），通常占总体积的 60% ~ 70%；其次是二氧化碳（CO_2），占总体积的 25% ~ 40%；其余硫化氢、氨、氢和一氧化碳等气体约占总体积的 5%左右。甲烷的发热值很高，达 36 840 kJ/m^3。甲烷完全燃烧时仅生成二氧化碳和水，并释放热能，是一种清洁燃料。

混有多种气体的沼气，热值为 20 ~ 25 MJ/m^3，1 m^3 沼气的热值相当于 0.8 kg 标准煤。沼气可以作为燃料，用于生活生产、照明、取暖、发电等，沼液和沼渣是优质的有机绿色肥料。

利用微生物代谢作用来生产各种产品的工艺过程称为发酵。沼气发酵又称为厌氧消化，是指有机物质在一定的水分、温度和厌氧条件下，通过种类繁多、数量巨大且功能不同的各类微生物的分解代谢，最终形成甲烷和二氧化碳等混合气体（沼气）的复杂的生物化学过程。

我国在农村推广的沼气池多为水压式沼气池，其结构如图 2-24 所示，在第三世界国家被广泛采用，被称为中国式沼气油。一般情况下，在我国南方，这样一个池子每年可产出 250 ~ 300 m^3 沼气。

沼气发电就是以沼气为燃料实现的热动力发电。沼气发电系统如图 2-25 所示。消化池产生的沼气经气水分离器、脱硫塔（除去硫化氢及二氧化碳等）净化后，进入储气柜；再经稳压器（调节气流和气压）进入沼气发动机，驱动沼气发电机发电。发电机所排出的废水和冷却水所携带的废热经热交换器回收，作为消化池料液加温热源或其他热源再加以利用。发电机发出的电能经控制设备送出。沼气发动机与普通柴油发动机一样，工作循环也包括进气、压缩、燃烧膨胀做功、排气 4 个基本过程。

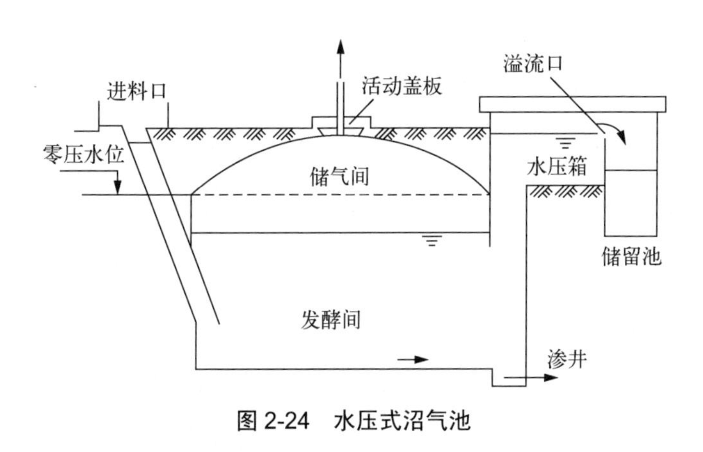

图 2-24　水压式沼气池

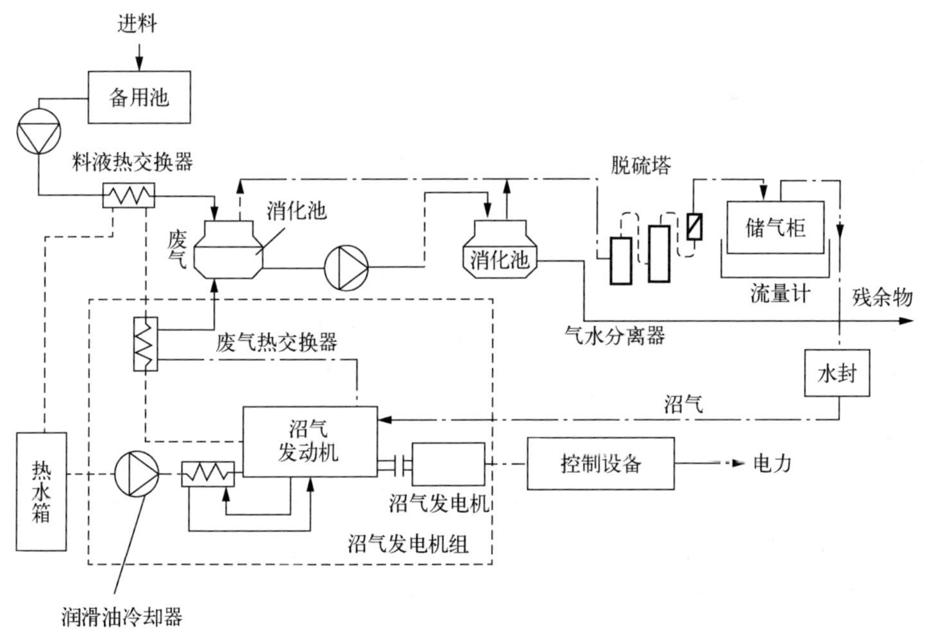

图 2-25　沼气发电系统的工艺流程

发动机排出的余热占燃烧热量的 65% ~ 75%，通过热交换器等装置回收利用，机组的能量利用率可达 65%以上。废热回收装置所回收的余热可用于消化池料液升温或采暖。

沼气发电始于 20 世纪 70 年代初期。沼气发电的生产规模：50 kW 以下为小型沼气电站，50 ~ 500 kW 为中型沼气电站，500 kW 及以上为大型沼气电站。

垃圾发电主要是从有机物废物中获取热量用于发电。从垃圾中获取热量主要有两种方式：一种是垃圾经过分类处理后，直接在特制的焚烧炉内燃烧；另一种是填埋垃圾在密闭的环境中发酵产生沼气，再将沼气燃烧。

垃圾发酵会产生沼气，理论上每吨垃圾可以产生 150 ~ 300 m^3 的气体，其中有 50% ~ 60%的甲烷，能提供 5 ~ 6 GJ 的热量。燃烧气体转化为电能的效率假设约为 35%，则整个系统的效率在 10%以下。100 万 t 的垃圾处理只能提供 2 MW 的发电功率。垃圾沼气发电的效率非常低，但发电成本低廉，仍然很有开发价值。

垃圾焚烧可以使其体积大幅度减小，并转换为无害物质。被焚烧废物的体积和质量可减少 90%以上。垃圾焚烧发电既可以高效地解决垃圾污染问题，又可以实现能源再生，作为处理垃圾最快捷和最有效的技术方法，近年来在国内外得到了广泛应用。这种方式从原理上看似容易，但实际的生产流程却并不简单。首先要对垃圾进行质量控制，这是垃圾焚烧的关键。一般都要经过较为严格的分选，凡有毒有害垃圾、无机的建筑垃圾和工业垃圾都不能进入。符合规格的垃圾可卸入封闭式垃圾储存池。垃圾储存池内始终保持负压，巨大的风机将池中的“臭气”抽出，送入焚烧炉内。然后使垃圾进入焚烧炉，并使垃圾和空气充分接触，有效燃烧。焚烧 2 t 垃圾产生的热量大约相当于燃烧 1 t 煤。当然，也可以焚烧与发酵并用。一般是把各种垃圾收集后，进行分类处理。对燃烧值较高的进行高温焚烧（也彻底消灭了病源性生物和腐蚀性有机物）；对不能燃烧的有机物进行发酵、厌氧处理，最后干燥脱硫，产生沼气再燃烧。燃烧产生的热量用于发电。

（三）生物质能发电的运行与控制

生物质能发电的发电环节与小火电类似，所用的发电机组可以是小型的蒸汽轮机，也可以是小型或微型燃气轮机。

如果生物质能发电采用的是低速的蒸汽轮机或燃气轮机，可以直接通过转速控制将输出电压频率稳定在 50 Hz。这种情况下，发电机组可以直接并网。

如果生物质能发电采用的是高速的燃气轮机，由于转速决定了输出电压频率很高，需要经过电力电子变频装置接入电网。

五、燃料电池

（一）燃料电池的概念

燃料电池是一种直接将储存在燃料和氧化剂中的化学能转化为电能的发电装置。燃料电池不经过燃烧而以电化学反应的方式将燃料的化学能直接转化为电能。和其他化学电池不同的是，它工作时需要连续地从外部供给反应物（燃料和氧化剂），所以被称为燃料电池。

燃料电池由阳极、阴极和夹在这两个电极中间的电解质以及外接电路组成。一般在工作时，向燃料电池的阳极供给燃料（氢或其他燃料），向阴极供给氧化剂（空气或氧气）。氢在阳极分解成氢离子（H^+）和电子（e^-）。氢离子进入电解质中，而电子则沿外部电路移向正极。在阴极上，氧同电解质中的氢离子吸收抵达阴极上的电子形成水。电子在外部电路从阳极向阴极移动的过程中形成电流，接在外部电路中的用电负载即可因此获得电能。当源源不断地从外部供给燃料和氧化剂时，燃料电池就可以连续发电。燃料电池最主要的燃料是氢。

氢燃料电池的基本结构如图 2-26 所示，发生的化学反应如下。

$$\text{阳极：}\ H_2 + CO_3^{2-} = H_2O + CO_2 + 2e$$

$$\text{阴极：}\ 1/2O_2 + CO_2 + 2e = CO_3^{2-}$$

总反应式：$1/2O_2 + H_2 = H_2O$。

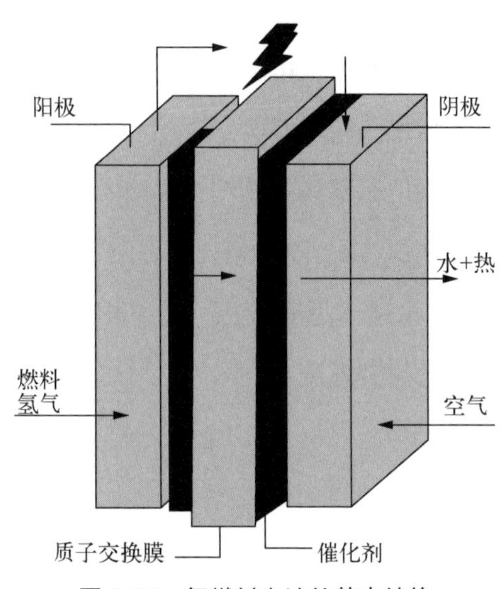

图 2-26　氢燃料电池的基本结构

为了加速电极上的电化学反应，燃料电池的电极上往往都包含催化剂。催化剂一般做成多孔材料，以增大燃料、电解质和电极之间的接触截面。这种包含催化剂的多孔电极也称为气体扩散电极，是燃料电池的关键部位。对于液态电解质，需要有电解质保持材料，即电解质膜。电解质膜的作用是分隔氧化剂和还原剂，并同时传导离子。固态电解质直接以电解质膜的形式出现。

外电路包括集电器（双极板）和负载。双极板具有收集电流、疏导反应气体的作用。由一个阳极（燃料极）、一个阴极（空气极）和相关的电解质、燃料、空气通路组成的最小电池单元称为单体电池。一节单体电池，从理论上讲，在标准状态下可以得到 1.23 V 电，但其实际工作电压通常仅为 0.6 ~ 0.8 V。为满足用户的需要，需将多节单体电池组合起来，构成一个电池组，也称电堆。实用的燃料电池均由电堆组成。

燃料电池就像积木一样，可以根据功率要求灵活组合，容量小到为手机供电，大到可与常规发电厂相提并论。

（二）燃料电池系统的构成

燃料电池系统除燃料电池本体（发电系统）外，还有一些外围装置，包括燃料重整供应系统、氧气供给系统、水管理系统、热管理系统、直流—交流逆变系统、控制系统、安全系统等，如图 2-27 所示。

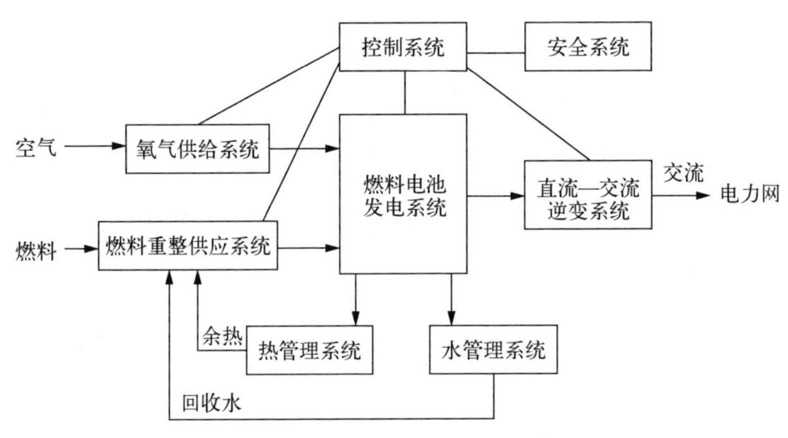

图 2-27　燃料电池系统的构成

1. 燃料重整供应系统

燃料重整供应系统的作用是将外部供给的燃料转化为以氢气为主要成分的燃料。如果直接以氢气为燃料，供应系统可能比较简单。若使用天然气等气体碳氢化合物或者石油、甲醇等液体燃料，需要通过水蒸气重整等方法对燃料进行重整。而用煤炭作为燃料时，则要先转换为氢气和一氧化碳为主要成分的气体燃料。用于实现这些转换的反应装置分别称为重整器、煤气化炉等。

2. 氧气供给系统

氧气供给系统的作用是提供反应所需的氧，既可以是纯氧，也可以用空气。氧气供给系统可以用马达驱动的送风机或者串气压缩机，也可以使用回收排出余气的透平机或压缩机的加压装置。

3. 水管理系统

水管理系统可以将阴极生成的水及时带走，以免造成燃料电池失效。对于质子交换膜燃料电池，质子是以水合离子状态进行传导的，需要有水参与，而且水少了还会影响电解质膜的质子传导特性，进而影响电池的性能。

4. 热管理系统

热管理系统的作用是将电池产生的热量带走，避免由于温度过高而烧坏电解质膜。燃料电池是有工作温度限制的（例如，质子交换膜燃料电池，其温度应该控制在 80℃）。外电路接通形成电流时，燃料电池会因内电阻上的功率损耗而发热（发热量与输出的发电量大体相当）。热管理系统中还包括泵（或风机）、流量计、阀门等部件。常用的传热介质是水和空气。

5. 直流—交流逆变系统

直流—交流逆变系统将燃料电池本体产生的直流电转换为用电设备或电网要求的交流电。

6. 控制系统

控制系统主要由计算机及各种测量和控制执行机构组成，作用是控制燃料电池发电装置启动和停止、接通或断开负载，往往还具有实时监测和调节工况、远距离传输数据等功能。

7. 安全系统

安全系统主要由氢气探测器、数据处理器以及灭火设备构成，实现防火、防爆等安全措施。

需要说明的是，上面所说的各个部分是大容量燃料电池可能具有的结构。对于不同类型、容量和适用场合的燃料电池，其中有些部分可能被简化甚至取消。

（三）燃料电池的类型

根据所使用电解质的种类不同，燃料电池可分为碱性燃料电池（Alkaline Fuel Cell，AFC）、磷酸型燃料电池（Phosphorus Acid Fuel Cell，PAFC）、熔融碳酸盐燃料电池（Molten Carbonate Fuel Cell，MCFC）、固体氧化物燃料电池（Solid Oxide Fuel Cell，SOFC）和质子交换膜燃料电池（Proton Exchange Membrane Fuel Cell，PEMFC）等。

1. 碱性燃料电池（AFC）

碱性燃料电池以氢氧化钾（KOH）等碱性溶液为电解质，以高纯度氢气为燃料，以纯氧气作为氧化剂，工作温度为 60 ~ 80℃。

总的来说，在所有的应用领域，碱性燃料电池都可以和其他燃料电池竞争。特别是它的低温快速起动特性，在很多应用场合更具有优势。但是由于碱性燃料电池需要纯氢气和氧气作为燃料和氧化剂，必须使用贵金属作为催化剂，价格昂贵；电解质的腐蚀严重，寿命较短；气化净水和排水排热系统庞大，这些都限制了它的广泛应用。

2. 磷酸型燃料电池（PAFC）

磷酸型燃料电池以磷酸水溶液为电解质，以天然气或者甲醇等气体的重整气为燃料，以空气为氧化剂，一般要用铂金作为催化剂，对燃料气和空气中的二氧化碳具有耐受能力，工作温度约为 200℃，发电效率为 30% ~ 40%，如再将其余热加以利用，其综合效率可提高到 60%以上。

20 世纪 70 年代中期，磷酸型燃料电池开始取代碱性燃料电池，成为燃料电池的主要形式之一。

同时，由于碳氢化合物是首选燃料，燃料重整技术也获得了发展。目前，磷酸型燃料电池的容量达到 11 MW，这也是世界上最大的燃料电池容量。

磷酸型燃料电池的工作温度低，效率不是很高，而且要用昂贵的铂金作催化剂，燃料中一氧化碳的浓度超过 1%易引起催化剂中毒，因此对燃料的要求较高，世界各国对这种电池的研发投入不多。不过由于对燃料气和空气中的二氧化碳具有耐受力，磷酸型燃料电池能适应各种工作环境，也应用于多个领域。目前，世界上已有多台磷酸型燃料电池正在运行中，容量规格从 40 kW 到 11 MW 不等。虽然磷酸型燃料电池的技术已成熟，产品也进入商业化，不过其寿命难以超过 4000 h，发展潜力较小，用作大容量集中发电站较困难。

3. 熔融碳酸盐燃料电池（MCFC）

熔融碳酸盐燃料电池以碳酸锂（Li_2CO_3）、碳酸钾（K_2CO_3）及碳酸钠（Na_2CO_3）等碳酸盐为电解质，以混有二氧化碳的氧气为氧化剂，由于进行内部调整，可以使用天然气、甲醇、煤等原料的重整气（含有氢气和二氧化碳）为燃料。

（1）电极采用镍的烧结体。由于电池阳极生成二氧化碳，而阴极消耗二氧化碳，所以电池中需要二氧化碳的循环系统。

（2）工作温度为 600 ~ 700℃。由于工作温度高，电极反应活化能小，用贵金属作为催化剂。而且工作过程中放出的高温余热可以回收利用，电池本体的发电效率为 45% ~ 60%，整体效率可以更高。

基于上述优点，熔融碳酸盐燃料电池具有较好的应用前景。不过，由于在高温条件下电解质的腐蚀性较强，对电池材料有严格要求，在一定程度上会制约熔融碳酸盐燃料电池的发展。目前，熔融碳酸盐燃料电池的水平已接近实用化水平。

4. 固体氧化物燃料电池（SOFC）

固体氧化物燃料电池的电解质常采用氧化钇稳定的氧化锆基（$ZrO_2+Y_2O_3$）固体电解质，以重整气（氢气和一氧化碳）为燃料，以空气为氧化剂。其两侧是多孔电极。工作温度为 1000℃左右，运行压力为 0.3 ~ 1.0 MPa，是所有燃料电池中温度最高的。固体氧化物燃料电池在高温下工作，因此不需要采用贵金属作为催化剂。由于工作温度高，需要采用复合废热回收装置来利用废热，体积大，质量大，只适合应用于大功率的发电厂中。

固体氧化物燃料电池是国际上正在研发的新型发电技术之一，主要是工作温度为 500 ~ 800℃的中温和 400 ~ 600℃的低温固体氧化物燃料电池电解质。

美国在固体氧化物燃料电池技术方面处于世界领先地位。美国的 25 kW 级电堆已经运行了上万小时。此外，日本、德国、英国、法国、荷兰的一些公司也在对固体氧化物燃料电池进行研究。我国也有固体氧化物燃料电池发电成功的例子。示范业绩证明固体氧化物燃料电池是未来化石燃料发电技术的理想选择之一。

5. 质子交换膜燃料电池（PEFC/PEMFC）

质子交换膜燃料电池也称固体高分子燃料电池或聚合物电解质燃料电池，所用的燃料一般为高纯度的氢气，采用以离子导电的固体高分子电解质膜。

固体高分子电解质膜具有以氟的树脂为主链，以能够负载质子（H^+）的磺酸基为支链的构造，这是一种阳离子交换膜，其离子导电体为 H^+。质子交换膜燃料电池的最佳工作温度为 80℃左右，在室温下也能正常工作。由于工作温度低，这类燃料电池需要采用贵金属作为催化剂。

质子交换膜燃料电池燃料的化学能绝大部分都能转化为电能，其理论发电效率是 83%，但实际效率为 50% ~ 70%。质子交换膜燃料电池的特点之一是电极反应生成的是液态的水，而不是水蒸气。此外，在工作时，每迁移一个氢离子，需要同时迁移 4 ~ 6 个水分子。为了提高电流密度，必须对阳极燃料气加湿以增大阳极的含水量。不过，质子交换膜燃料电池只产生少量的废热和水，不产生污染大气环境的氮氧化物。

质子交换膜燃料电池的最大优点体现在工作温度低、启动快、功率密度高，使其成为电动汽车、潜艇、航天器等移动工具电源的理想选择之一，一般不适合用于大容量中心电站。各种燃料电池的基本特性如表 2-1 所示。

表 2-1 燃料电池的类型及特征

性能 类型	碱性 （AFC）	磷酸型 （PAFC）	熔融碳酸盐 （MCFC）	固体氧化物 （SOFC）	质子交换膜 （PEFC/PEMFC）
工作温度	60～80℃	约 100℃	600～700℃	800～1000℃	约 100℃
电解质	KOH	磷酸溶液	熔融碳酸盐	固体氧化物	全氟磺酸膜
反应离子	OH^-	H^+	CO_3^{2-}	O^{2-}	H^+
可用燃料	纯氢	天然气、甲醇	天然气、甲醇、煤	天然气、甲醇、煤	氢、天然气、甲醇
适用领域	移动电源	分散电源	分散电源	分散电源	移动电源、分散电源
污染性		CO 中毒	无	无	CO 中毒

碱性燃料电池是最先研究成功的，多用于火箭、卫星上，但其成本高，因此不宜大规模研究开发。

磷酸型燃料电池目前已进入实用化阶段，在研究上已不再花费很多财力、物力与人力。质子交换膜燃料电池是目前研制的热点。

在燃料电池中，磷酸型燃料电池、质子交换膜燃料电池可以冷启动和快启动，可以用作移动电源，满足电动汽车（FCEV）使用的要求，很有竞争力。

（四）燃料电池发电的特点

燃料电池不同于常见的干电池与蓄电池，它不是能量储存装置，而是一个能量转换装置。一方面，需要不断地向其供应燃料和氧化剂，才能维持连续的电能输出，供应中断，发电过程就结束；另一方面，燃料电池可以连续地对自身供给燃料并不断排出生成物，只要供应不断，就可以连续地输出电力。

（五）燃料电池的并网

燃料电池输出的是直流电，需要经过电力电子逆变装置将直流电逆变为 50Hz 的交流电，再送入电网。

由于燃料电池的输出比较稳定，因而并网逆变器的控制比较简单，只需实现逆变功能即可，不需要非常复杂的控制方法。

第三节　分布式电源发电中的储能技术

一、储能装置在分布式发电系统中的作用

某些分布式电源（如光伏电池、风力发电等）属于波动性甚至间歇式电源，所产生的电能具有显著的随机性和不确定性特征，容易对电网产生冲击，严重时会引发电网事故。为了充分利用可再生能源并保障其作为电源的供电可靠性，就要对这种难以准确预测的能量变化进行及时的控制和抑制。分布式发电系统中的储能装置就是用来解决这些问题的。

在分布式发电系统中，储能装置的作用主要表现在以下几个方面。

（一）平衡发电量和用电量

如图 2-28 所示为分布式供电系统的简化示意图，大致反映了分布式供电系统中最基本的构成要素。

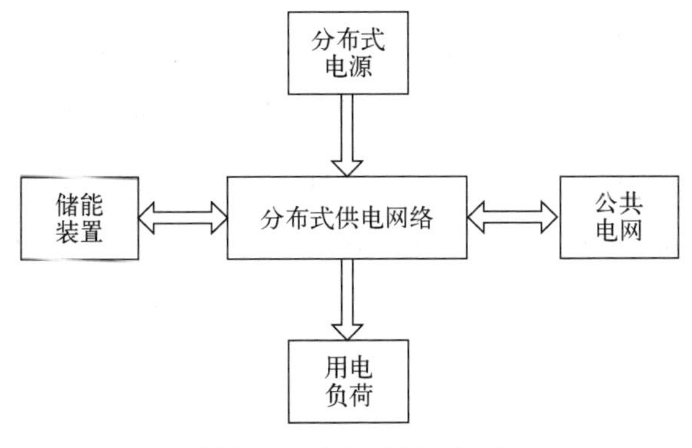

图 2-28　分布式供电系统

分布式电源的能量之和与该区域的所有负荷总量往往并不相等，并且相对数量关系是动态变化的。当发电容量大于负荷总量时，剩余的发电容量可以存储在储能装置中，也可以馈送给公共电力系统；当发电容量小于负荷总量时，能量的缺额可以从储能装置中提取，或者从公共电力系统引入能量，补充分布式能源的不足。通过储能装置的能量“吞吐”，实现了发电量和用电量的供需平衡，自然维持了分布式供电系统的稳定。

（二）充当备用或应急电源

考虑到太阳能、风能等可再生新能源的间歇性，在某些分布式电源因受自然条件影响而减少甚至不能提供电能时（例如，光伏电池在阴雨天和夜间，风电机组遭遇强风或无风），储能装置就像是备用电源，可以临时作为过渡电源使用，维持对用户的连续供电。此外，基于系统安全性的考虑，分布式发电系统也可以储存一定数量的电能，用以平抑系统扰动，应付突发事件，如分布式电源意外停运等事故情况。

（三）改善电能质量，维持系统稳定

储能装置通过功率波动的抑制和快速的能量吞吐，可以明显改善分布式发电系统的电能质量，例如，在风力发电系统中，风速的变化会使原动机输出的机械功率发生变化，从而使发电机输出功率产生波动，导致电能质量下降。

应用储能装置是改善发电机输出电压和频率质量的有效途径，同时可增加分布式发电机组与电网并网运行时的可靠性。可靠的分布式发电单元与储能装置的结合是解决如电压跌落、涌流和瞬时供电中断等动态电能质量问题的有效手段之一。

（四）改善分布式系统的可控性

当分布式发电系统作为一个整体并入大电网运行时，储能装置可以根据要求调节分布式发电系统与大电网的能量变换，将难以准确预测和控制的分布式电源整合为能够在一定范围内按计划输出电能的系统，使分布式发电系统成为大电网中像常规电源一样可以调度的发电单元，从而减轻分布式电源并网对大电网的影响，提高大电网对分布式电源的接受程度。

增强分布式发电系统的可控性，就有可能在提供清洁能源的同时，为大电网提供一些辅助服务，例如，在用电高峰时分担负荷，在发生局部故障时提供紧急功率支持等。可见，储能装置在分布式发电系统中扮演着相当重要的角色。

二、储能方式的种类与特性

常见的储能方式主要分为物理储能、电化学储能、电磁储能等。物理储能方式主要有飞轮储能、抽水蓄能和压缩空气储能等，电化学储能主要有蓄电池储能等，电磁储能有超导磁储能和超级电容储能等。

下面对几种在分布式发电系统中应用前景较好的储能方式进行介绍。

（一）蓄电池储能

蓄电池储能（Battery Energy Storage System，BESS）是目前在分布式发电系统中应用最广泛的储能方式。蓄电池储能系统由蓄电池、逆变器（实现从直流电到交流电的变换）、控制装置、辅助设备（安全、环境保护设备）等部分组成。

根据所使用的化学物质，蓄电池可以分为铅酸电池、镍镉电池、镍氢电池、锂离子电池等。

（1）铅酸电池：价格便宜、技术成熟，在发电厂、变电站供电中断时可发挥独立电源的作用，并为断路器、继保装置、拖动电机、通信等提供电力。性价比很高的铅酸电池被认为最适合应用于分布式发电系统。目前采用蓄电池储能的分布式发电系统，多数采用传统铅酸电池。不过，传统的蓄电池存在初次投资高、寿命短、对环境有污染等问题。

（2）锂离子电池（正极为钴酸锂）：工作电压高、体积小、储能密度高（每立方米可储存电能 300°～400°）、无污染、循环寿命长（如果每次放电不超过储能的 80%，可反复充电 3000 次），充放电转化率高达 90%以上，但性能易受工艺和环境温度等因素的影响。

目前，磷酸基为正极材料的磷酸铁锂电池以其超长的循环寿命、良好的安全性能、较好的高温性能，成为铅酸电池的有力竞争者。

（3）钠硫和液流电池：被视为新兴的、高效的且具广阔发展前景的大容量电力储能电池。钠硫电池储能密度高，体积仅为普通铅酸电池的 1/5，系统效率可达 80%，单体寿命已达 15 年，且循环寿命超过 6000 次，便于模块化制造，建设周期短。

液流电池电化学极化小，能够 100%深度放电，储存寿命长，额定功率和容量相互独立，并可自由设计储藏形状。液流电池已有钒–溴、全钒、多硫化钠/溴等多个体系，其中全钒液流电池可避免正负极活性物质交叉污染，成本低、寿命长，已成为液流电池体系中主要的商业化发展方向。

虽然蓄电池储能也有若干不足，但就目前的技术发展状况而言，蓄电池储能仍会在一段时间内得到广泛应用。

（二）超导磁储能

超导磁储能系统（Superconductive Magnetic Energy Storage，SMES）将能量存储在由电流超导线圈的直流电流产生的磁场中。其基本电路结构如图 2-29 所示，储能核心部件是由超导材料制成的超导线圈。通入励磁（即产生磁场）用的直流电流，在线圈中会形成强磁场，把接收的电能以磁场能的形式储存起来。

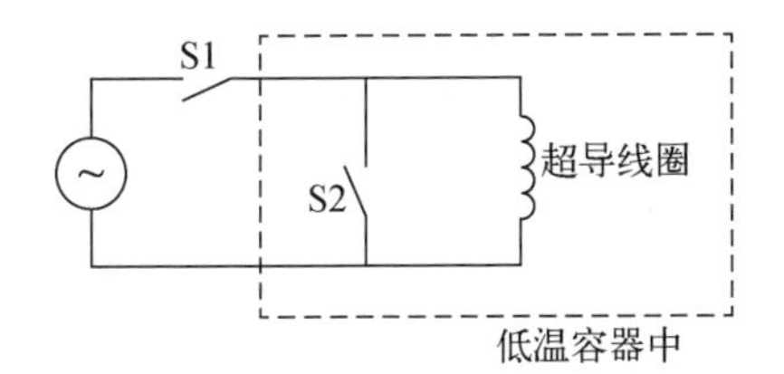

图 2-29　超导磁储能的电路结构

超导线圈中储存的能量 W 可由下式表示

$$W=\frac{1}{2}LI^2 \tag{2-17}$$

式中，L 为超导线圈的电感系数，H；I 为励磁电流，A。

由于超导体的电阻几乎为零，电流在超导线圈中循环时产生的功率损耗很小（数值上等于电流的平方乘以电阻），因而储存的能量不易流失。在外部需要能量时，可以把储存的能量送回电网或实现其他用途。超导特性一般需要在很低的温度下才能维持，一旦温度升高，超导体就变为一般的导体，电阻明显增大，电流流过时将产生很大的功率损耗，损失的能量以发热的形式散失到周围的环境中，储能的效果也就不复存在了。因此，超导磁储能的超导线圈需放置在温度极低的环境中，一般是将超导线圈浸泡在温度极低的液体（液态氢等）中，然后封闭在容器中。

超导磁储能是以直流方式进行的，必须通过变换器才能实现与交流电网的电能交换。因此，超导磁储能除了核心部件超导线圈以外，还包括冷却系统、密封容器以及用于功率变换电力电子装置等。

与其他储能技术相比，超导磁储能最显著的优点包括：可以长期无损耗地储存能量，能量返回效率很高；能量的释放速度很快，通常只需几毫秒。此外，超导线圈在运行过程中没有磨损，压缩器和水泵可以定期更换，因此，超导磁储能具有很高的可靠性，适合高可靠性要求用户的需求。

超低温保存技术是目前利用超导磁储能的瓶颈。迄今为止，超导磁储能的成本比其他类型的储能的成本高得多，大约是铅酸电池成本的 20 倍。高成本导致超导磁储能短期内不可能在分布式发电系统中大规模应用，但是在要求高质量和高可靠性的系统中可以应用。超导磁储能的应用研究与开发始于 20 世纪 70 年代，在电力系统中已经有很多成功应用。20 世纪 90 年代高温超导开始被应用于风力发电系统。

目前，在分布式发电系统中，超导磁储能常用于独立运行的风力发电系统和光伏电池发电系统。随着装置成本的降低，超导磁储能的规模和应用领域将进一步扩大，也将在并网型分布式发电系统中大量应用。

（三）超级电容储能

超级电容储能（Super Capacitor Energy Storage，SCES）的核心部件为超级电容器，其使用特殊材料制作电极和电解质，根据电化学双电层理论研制而成，可提供强大的脉冲功率，充电速度快，放电电流仅受内阻和发热限制，能量转换率高，循环使用寿命长，放电深度大，长期使用免维护，低温特性好，没有“记忆效应”。

历经纽扣型、卷绕型和大型三代，已形成电容量为 0.5 ~ 1000 F、工作电压为 12 ~ 400 V、最大放电电流为 400 ~ 2000 A 的系列产品。但超级电容器价格较为昂贵，在电力系统中多用于短时间、大功率的负载平滑和电能质量高峰值功率场合。

目前，基于活性炭双层电极与锂电子插入式电极的第四代超级电容器的存储容量是普通电容器的 20 ~ 1000 倍。功率密度大的特性使它成为分布式发电系统等应用领域的最佳选择，而且采用超级电容器只需存储与尖峰负荷相当的能量；若采用蓄电池储能则需要存储几倍于尖峰负荷的能量。与传统的蓄电池相比，超级电容器能量密度高，充放电循环寿命和能量储存寿命长，同时在工作过程中没有运动部件，维护工作少、可靠性高，应用于小型的分布式发电装置具有一定优势。

超级电容器与蓄电池在技术性能上具有较强的互补性。超级电容器通过一定的方式与蓄电池混合使用，可以使储能装置具有很好的负载适应能力，能够提高供电的可靠性，缩小储能装置的体积，减轻重量，改善储能装置的经济性能。

（四）飞轮储能

飞轮储能（Flywheel Energy Storage System，FESS）是一种机械储能方式，以动能的形式存储能量。绕着中心轴高速旋转的飞轮所具有的动能可以表示为下式。

$$E=\frac{1}{2}J\omega^2=\frac{1}{4}m\omega^2 \tag{2-18}$$

式中，J 为轴转动惯量；ω 为转动角速度；m 为圆盘外缘线速度。

要提高系统储能量，可以增加飞轮质量，也可以提高飞轮外缘线速度。金属材料飞轮外缘线速度可达 300 ~ 500 m/s，高强度的碳纤维复合材料允许外缘线速度达到 600 ~ 1200 m/s。

飞轮储能的能量转换流程如图 2-30 所示。外部输入的电能通过电力电子设备驱动发电机，发电机带动飞轮旋转，高速旋转的飞轮以机械能的形式把电能储存起来；当外部负载需要电能时，再由飞轮带动发电机旋转，将机械能转换为电能，并通过电力电子设备对输出电能进行频率、电压的变换，以满足用电的需求。

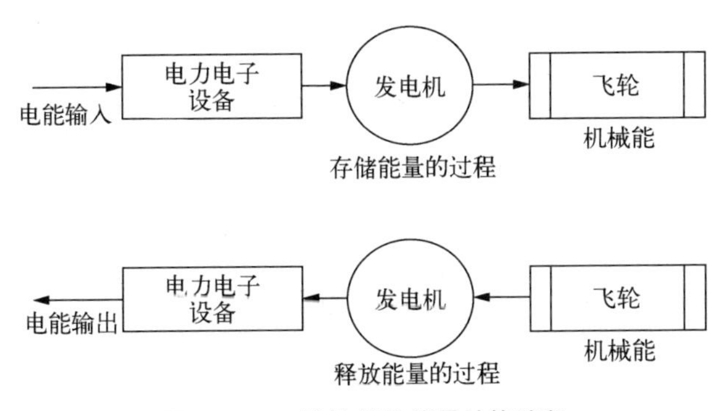

图 2-30　飞轮储能的能量转换流程

实际的飞轮储能系统，基本结构由以下 5 个部分组成。

（1）飞轮转子。一般由高强度复合纤维材料组成。

（2）轴承。用来支承高速旋转的飞轮转子。

（3）电动/发电机。一般采用直流永磁无刷电动/发电互逆式双向电机。

（4）电力电子变换设备。将输入交流电转化为直流电供给电动机，将输出电能进行调频、整流后供给负载。

（5）真空室。为了减小损耗，同时防止高速旋转的飞轮引发事故，飞轮系统必须放置在真空密封保护套筒内。

此外，飞轮储能装置中还必须加入监测系统，监测飞轮的位置、振动和转速、真空度、电机运行参数等。

飞轮储能的优点很多，包括效率高、建设周期短、循环使用寿命长、储能量大（储能功率密度一般大于 5 kW/kg，能量密度超过 20 Wh/kg，最大容量已达 5 kWh），而且充电快捷，充放电次数没有限制，对环境无污染等。

目前，飞轮储能的成本还比较高（费用主要用于提高其安全性能），还不能大规模应用于分布式发电系统中，主要是用于蓄电池系统的补充。飞轮储能技术正在向产业化、市场化方向发展，在分布式发电中的应用前景广阔。

（五）压缩空气储能

压缩空气储能（Compressed Air Energy Storage，CAES）可通过电网负荷低谷时的剩余电力压缩空气，将空气高压密封在报废矿井、沉降的海底储气罐、山洞、过期油气井或新建储气井中，而在电负荷高峰期释放压缩的空气推动汽轮机发电，虽然建设投资和发电成本低于抽水蓄能方式，但相对能量密度低，且受地形条件限制，尚处于产业化初期，技术及经济性还有待进一步观察。

（六）抽水蓄能

抽水蓄能（Pumped Storage，PS）电站是为了解决电网峰谷之间供需矛盾而产生的，是间接储存电能的一种方式，在集中式发电中应用较多。它在用电低谷时利用过剩电力将水从下水库抽到上水库储存能量，在用电高峰时放水发电。

使用抽水蓄能电站比增建火力发电设备满足高峰用电而在低谷压负荷、停机这种情况来得便宜，效益更佳。除此以外，抽水蓄能电站还可担负调频、调相和事故备用等动态功能。

三、储能装置的数学模型

为了统一描述各种储能装置的能量控制，不论采用何种储能方式，其存储能量增加的过程都称为充电，其存储能量向外释放的过程都称为放电。

（一）飞轮储能系统

1. 数学模型

飞轮储能系统的充放电控制，实际上是通过飞轮的转速控制实现的。飞轮由同轴相连的永磁同步电机拖动，可将其等效为电机转轴上的一个大转动惯量负载。

实现飞轮的转速控制，就是对拖动大转动惯量负载的永磁同步电机进行控制，大致包括加速充电、恒速待机和减速放电 3 种工作方式。

在与电机电角速度同步旋转的 dq 坐标轴下，电压和转矩方程如下所示。

$$u_d = R_s i_d + L_d \frac{\mathrm{d}i_d}{\mathrm{d}t} - \omega_e L_q i_q \tag{2-19}$$

$$u_q = R_s i_q + L_q \frac{\mathrm{d}i_q}{\mathrm{d}t} + \omega_e \left(L_d i_d + \Psi_f \right) \tag{2-20}$$

$$T_e = 1.5 P_p \left\lfloor \Psi_f i_q + \left(L_d - L_q \right) i_d i_q \right\rfloor \tag{2-21}$$

式中，u_d、u_q 分别为 d 轴和 q 轴的定子电压；i_d、i_q 分别为 d 轴和 q 轴的定子电枢电流；L_d、L_q 分别为电机 d 轴和 q 轴电感；T_e 为电机电磁转矩；P_p 为电机极对数；Ψ_f 为转子永磁磁通；ω_e 为转子电角速度；R_s 为定子等效阻抗。

飞轮充电模式下的电机矢量和 q 轴电压等效电路如图 2-31 所示，图中 i_a 和 u_a 的相位差为 φ。

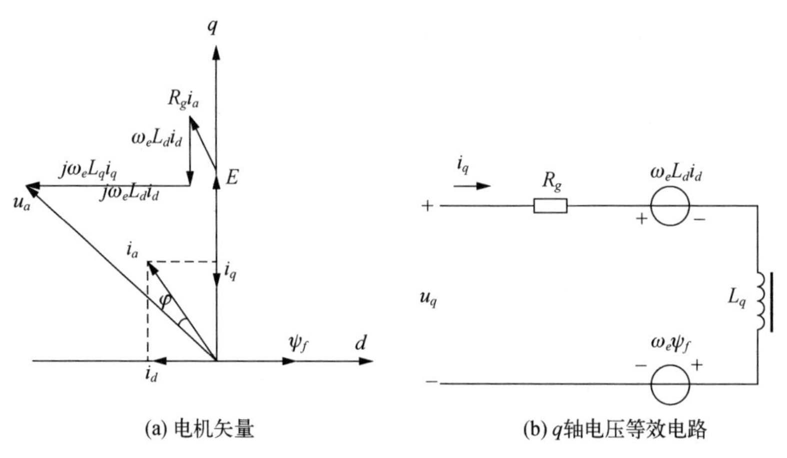

(a) 电机矢量　　(b) q轴电压等效电路

图 2-31　飞轮充电模式下的电机矢量和 q 轴电压等效电路

电机工作在电动机模式，由逆变器控制电枢交轴电流 i_q 与电机反电动势 $E=\Psi_f\omega_e$ 同流向，定子电流矢量 i_a 在第 2 象限。电机相电压 u_a 在相位上超前反电动势，幅值大于反电动势幅值。在基速以下，定子交轴电压 u_q 大于电机反电动势，交轴电流 i_q 由高电势一端流进，从低电势一端流出，电机吸收电能转化为转子的机械能。

飞轮放电模式下的电机矢量和 q 轴电压等效电路如图 2-32 所示。

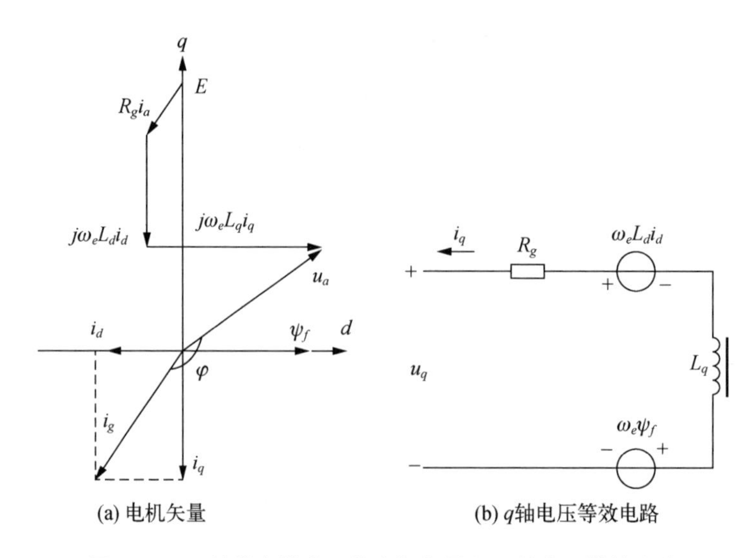

(a) 电机矢量　　(b) q轴电压等效电路

图 2-32　飞轮放电模式下的电机矢量和 q 轴电压等效电路

飞轮的放电过程是永磁同步电机拖动飞轮转子减速制动的过程，电机工作在发电机模式，逆变器控制电枢交轴电流 i_q 与电机反电势 $E=\omega_e\Psi_f$ 反向，定子电流矢量 i_a 在第 3 象限。电机相电压 u_a 的相位滞后于反电势，幅值小于反电势。定子交轴电流 i_q 从高电势流出，流进低电势。电机将飞轮转子的机械能转化为电功率输出。

2. 控制策略举例

飞轮加、减速度过程的快慢取决于电机额定转矩大小。

由于飞轮转动惯量太大，如果以最大转矩加速或减速，电机负担太重，长期发热存在安全隐患。

制定控制策略时一般可使用额定转矩对飞轮加、减速，充放电过程虽稍长一些，但可保证飞轮储能单元的稳定运行。

常用的内装式永磁同步电机是凸极电机，在额定转速以下采用恒转矩控制，利用 $L_d<L_q$ 的特点可以产生磁阻转矩，适合采用最大转矩电流比控制电枢电流。

飞轮的充放电过程是由“充放电指令”控制的，可在 3 种工作方式中切换。

（1）充电过程控制。飞轮的充电过程包括永磁同步电机拖动飞轮转子的启动过程和加速过程。飞轮储能单元充电时，采用速度外环、电流内环的比例积分（Proportional Integral，PI）控制结构。

速度 PI 控制器对额定转速误差信号 $(n_r^*-n_r)$ 进行调节，输出电磁转矩给定信号 T_e^* 直轴电流 i_d 和交轴电流 i_q 的关系满足下式。

$$i_d=\frac{\Psi_f}{2(L_q-L_d)}-\sqrt{\frac{\Psi_f^2}{4(L_q-L_d)^2}+i_q^2} \tag{2-22}$$

电磁转矩 T_e 的表达式为

$$T_e=\frac{3}{4}p_p i_q\left[\sqrt{\Psi_f^2+4(L_q-L_d)^2 i_q^2}+\Psi_f\right] \tag{2-23}$$

通过式（2-22）~式（2-23）得出指令值i_d^*和i_q^*。由直轴电流和交轴电流指令值确定的定子电流不能超过电机允许的最大值，即

$$i_d^2 + i_q^2 \leqslant i_{a\lim}^2 \tag{2-24}$$

直轴电流和交轴电流的实际值i_d和i_q由三相电流采样信号i_{abc}经过坐标交换矩阵$T_{ABC-dq0}$后得到。因此，电流误差信号经电流PI控制器调节后得到交轴和直轴参考电压u_q^*和u_d^*，经$pack$逆变交换矩阵T_{park}^{-1}，得到空间矢量PWM所需的u_α和u_β。

（2）放电过程控制。飞轮储能单元放电时，采用电压外环、电流内环的PI控制结构，直流电压误差信号（$u_{DC}^* - u_{DC}$）为输入，电磁转矩给定信号T_e^*为输出。

飞轮放电模式下，由于电机发出的交流电压的频率和幅值随转矩降低，需要控制交流器B保证飞轮储能系统输出功率恒定。

因此，直接利用电机的再生制动原理，增加电压外环，稳定直流母线电压，如果接收到放电指令，电机由速度外环控制转为电压外环控制，电压控制器输出电机制动转矩参考值T_e^*。由于电机工作在恒转矩区，随着转速下降，电机输出功率下降，其表达式为下式。

$$p_e = T_e \omega_r \tag{2-25}$$

因此，为了维持飞轮储能单元恒功率输出，电压控制器要生成逐渐增大的制动转矩参考值T_e^*，这同时意味着电机以变加速度非线性减速。由式（2-22）得到逐渐增大的交轴电流给定值，发电机状态下，式（2-20）可写为下式。

$$u_q + R_s i_q + L_q \frac{\mathrm{d}i_q}{\mathrm{d}t} - \omega_e L_d i_d = \omega_e \Psi_f \tag{2-26}$$

式中，等号右边的电机反电势随着速度降低而降低，而交轴电压u_q小于反电动势，因此电流控制器就要输出同步减小的交轴电压参考值u_q^*。

确定了交轴电压和直轴电压的给定值，就可以计算空间矢量脉宽调制的导通时间和占空比，达到回馈制动能量的目的。

（二）超导磁储能系统

1. 采用电压型变流器的超导磁储能

超导磁储能系统经电压型变流器（Voltage-Source Converter，VSC）连接交流电网的电路结构如图 2-33 所示。

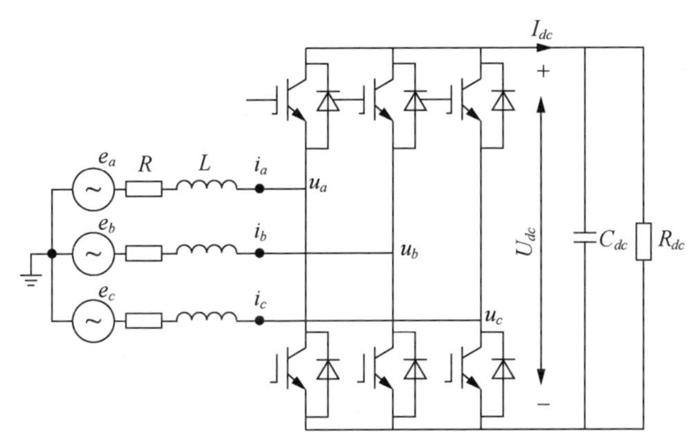

图 2-33　VSC 型 SMES 原理结构

在与电网基波频率同步旋转 dq 坐标系中，VSC 型 SMES 的数学模型可表示为

$$
\begin{aligned}
L\frac{\mathrm{d}i_d}{\mathrm{d}t} &= -Ri_d + \omega Li_q + e_d - u_{de}s_d \\
L\frac{\mathrm{d}i_q}{\mathrm{d}t} &= -Ri_q - \omega Li_d + e_q - u_{de}s_q \\
C\frac{\mathrm{d}u_{de}}{\mathrm{d}t} &= \frac{3}{2}\left(i_q s_q + i_d s_d\right) - i_L
\end{aligned}
\tag{2-27}
$$

式中，i_d、i_q 分别为交流侧电流 d、q 轴分量；e_d、e_q 分别为电网侧电压 d、q 分量；u_{dc} 为直流侧电压；i_L 为直流侧电流；s_d、s_q 分别为开关函数 d、q 轴分量。令 $u_d = u_{dc}s_d$、$u_q = u_{dc}s_q$，则有下式。

$$
\left.
\begin{aligned}
L\frac{\mathrm{d}i_d}{\mathrm{d}t} &= -Ri_d + \omega Li_q + e_d - u_d \\
L\frac{\mathrm{d}i_q}{\mathrm{d}t} &= -Ri_q + \omega Li_d + e_q - u_q
\end{aligned}
\right\}
\tag{2-28}
$$

设 dq 坐标系中的 d 轴与电网电动势矢量 E_{dq} 重合，则电网电动势 q 轴分量 $e_d=0$，$p=u_di_d$，$Q=-u_di_d$。

因此得出，i_d、i_q 分别代表系统的有功分量和无功分量。从模型中可以看到 i_d、i_q 除受控制电压 u_d、u_q 的影响，还受耦合项 ωLi_q、$-\omega Li_d$ 以及电网侧电压 e_d、e_q 的影响。

为消除 i_d、i_q 间的耦合，就要对其进行解耦。假设 u_d、u_q 可以分解为下式。

$$\left.\begin{aligned} u_d &= u_{d1}+u_{d2}+u_{d3} \\ u_q &= u_{q1}+u_{q2}+u_{q3} \end{aligned}\right\} \tag{2-29}$$

并令

$$\left.\begin{aligned} u_{d2} &= \omega Li_q \\ u_{d3} &= e_d \\ u_{q2} &= -\omega Li_d \\ u_{q3} &= e_q \end{aligned}\right\} \tag{2-30}$$

则有下式。

$$\left.\begin{aligned} L\frac{\mathrm{d}i_d}{\mathrm{d}t} &= -Ri_d-u_{d1} \\ L\frac{\mathrm{d}i_q}{\mathrm{d}t} &= -Ri_q-u_{q1} \end{aligned}\right\} \tag{2-31}$$

经过变换，消除了 dq 轴之间的耦合，使电流的有功分量和无功分量成功解耦。在电流解耦控制问题中，还有文献采用交叉解耦、串联解耦、状态反馈解耦、基于内模原理解耦等方法。

完成解耦之后，就可以用比较简单的 PI 闭环等方法实现各个关键变量的控制。

2. 采用电流型变流器的超导磁储能

超导磁储能系统经电流源型变流器（Current-Source Convertr，CSC）连接到交流电网的网络结构中，CSC 型 SMES 的数学模型可表示为

$$\left.\begin{aligned}L\frac{\mathrm{d}i_d}{\mathrm{d}t}&=e_d-v_d+i_dR+\omega Li_q\\L\frac{\mathrm{d}i_q}{\mathrm{d}t}&=e_q-v_q-i_qR+\omega Li_d\\C\frac{\mathrm{d}v_d}{\mathrm{d}t}&=i_d-i_{dc}s_d+\omega Cv_q\\C\frac{dv_q}{dt}&=i_q-i_{dc}s_q+\omega Cv_d\\L_{dc}\frac{di_{dc}}{dt}&=\frac{3}{2}\left(s_du_d+s_qu_q\right)-i_{dc}\left(R_{dc}+R_L\right)\end{aligned}\right\}\tag{2-32}$$

式中，L_{dc}为直流侧滤波电感参数；C、L、R 分别为交流侧滤波电容、电感、电阻；i_{dc}为三相 CSC 直流侧输出电压瞬时值；s_k为逻辑开关函数。

由于方程式中存在两变量的乘积项（$i_{dc}s_d$，$i_{de}s_q$），因而 CSC 型中的 dq 轴仍具有非线性特征。

另外，在 CSC 控制系统设计中，常需求取 CSC 网侧电流i_d、i_q与直流侧电流i_{dc}间的动态关系。

实际上，当忽略 CSC 桥路损耗时，其交流侧有功率p_{ac}应与直流侧功率p_{ac}相平衡。由下式

$$\left.\begin{aligned}P_{ac}&=\frac{3}{2}\left(e_di_d+e_qi_q\right)\\P_{ac}&=u_{dc}i_{dc}=Li_{dc}\frac{\mathrm{d}i_{dc}}{\mathrm{d}t}+R_{dc}i^2{}_{dc}\\P_{ac}&=P_{dc}\end{aligned}\right\}\tag{2-33}$$

整理可得下式

$$L\frac{\mathrm{d}i^2{}_{dc}}{\mathrm{d}t}=\frac{3}{2}\left(s_dv_d+s_qv_q\right)-i_{dc}R_{dc}\tag{2-34}$$

三相 VSR 交流侧输出电流的 dq 轴分量i_{dt}、i_{qt}为下式。

$$\left.\begin{aligned}i_{dt}&=i_{dc}S_d\\i_{qt}&=i_{dc}S_q\end{aligned}\right\}\tag{2-35}$$

令

$$\left.\begin{aligned}u_d&=e_d-v_d\\u_q&=e_q-v_q\\i_{du}&=i_{dt}-\omega Ce_d\\i_{qu}&=i_{qt}+\omega Ce_q\end{aligned}\right\}\tag{2-36}$$

综合上述各式，可得三相 CSC 在 dq 坐标系中改进的数学模型为下式。

$$\left.\begin{aligned}L\frac{\mathrm{d}i_d}{\mathrm{d}t}&=u_d-i_dR+\omega Li_q\\L\frac{\mathrm{d}i_q}{\mathrm{d}t}&=u_q-i_qR-\omega Li_d\\L\frac{\mathrm{d}u_d}{\mathrm{d}t}&=i_d+\omega Cu_q+i_{du}\\L\frac{\mathrm{d}u_q}{\mathrm{d}t}&=-i_q-\omega Cu_d+i_{qu}\end{aligned}\right\}\tag{2-37}$$

（三）超级电容和蓄电池

1. 超级电容器教学模型

如图 2-34 所示为超级电容器的等效模型。其中 C 表示理想电容，表征容量。R_{ESR} 是等效串联电阻，它不仅能够表征内部发热耗损，还反映向负载放电过程引起的降压。

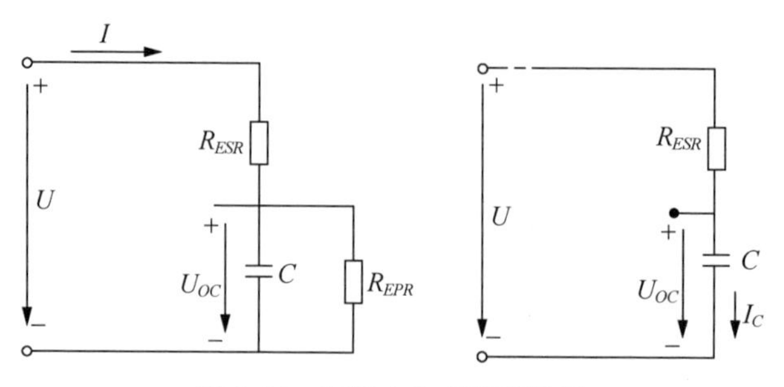

图 2-34　超级电容器等效模型

R_{ESR} 是等效并联电阻，主要表征长期储能过程的漏电流效应；因为功率变换器处于较快和频繁的充放电循环，故往往可忽略 R_{ESR} 的影响。

超级电容器主要数学模型为下式。

$$
\begin{aligned}
i_c &= C\frac{\mathrm{d}U_{oc}}{\mathrm{d}t} \\
U &= U_{oc} + C\frac{\mathrm{d}U_{oc}}{\mathrm{d}t}R_{ESR}
\end{aligned}
\tag{2-38}
$$

式中，U 为开路电压；U_{oc} 为理想电容电压；i_c 为电容的电流。

超级电容器荷点状态可以表示为下式。

$$
Q_{SOC}^{C} = \frac{Q_{remaining}}{Q_{total}} = \frac{C\left(U_{OC}-U_{\min}\right)}{C\left(U_{\max}-U_{\min}\right)} = \frac{U_{OC}-U_{\min}}{U_{\max}-U_{\min}}
\tag{2-39}
$$

式中，Q_{total} 为电容的放电初始总电量；$Q_{remaining}$ 为剩余电量；$U_{\max}$、$U_{\min}$ 分别为最高、最低工作电压。

2. 蓄电池教学模型

最简单的内阻模型、阻容模型等，在应用时有很多明显不足。而参考模型的三阶等效电路参数太复杂，而且寄生支路只在充电末期才起明显作用，在精度允许的情况下，可采用简化的一阶等效电路，并忽略寄生支路。

（四）变换器数学模型

超级电容器和蓄电池储能系统一般是通过全桥式电压变流器接入三相交流系统。

考虑到变流器开关过程迅速，可不计调制波频率动态变化过程。在同步旋转坐标系下，三相变流器数学模型可表示为下式。

$$\left.\begin{aligned}L\frac{\mathrm{d}i_{L1d}}{\mathrm{d}t}&=KU_{DC}\sin\delta-Ri_{L1d}+\omega Li_{L1q}\\L\frac{\mathrm{d}i_{L1q}}{\mathrm{d}t}&=KU_{DC}\cos\delta-Ri_{L1q}+\sqrt{2}U_s-\omega Li_{L1d}\\C\frac{\mathrm{d}U_{DC}}{\mathrm{d}t}&=K\left(-i_{L1d}\sin\delta+i_{L1q}\cos\delta\right)-I_{L2}\end{aligned}\right\}\tag{2-40}$$

式中，K 为比例系数；δ 为光伏系统输出电压与系统电压的夹角；U_s 为系统电压有效值；i_{L1d} 、i_{L1q} 分别为交流侧电流。

具体的控制方法和采用电压变流器的超导储能系统类似。

四、分布式发电系统中的储能配置

为分布式发电系统配置储能设备，最主要的是选择储能的方式，确定储能设备的容量，因此，有时候还要认真考虑储能设备的安装位置。

（一）储能方式的选择

在分布式发电系统中采用的储能方式，主要取决于系统中需要储能单元发挥的作用。

由于不同的储能方式具有不同的响应特性，因此，应该根据在分布式发电系统中为储能单元设计的功能，选择最能够可靠地实现该功能的储能方式。

当然，在技术上满足功能需求的储能方式有多种时，还要根据经济性进行进一步的选择。

（二）储能容量的配置

进行储能容量配置时，需要考虑的因素包括：自给时间的要求、单一事件最大储能需求、储能设备的最大放电深度、必要的修正和冗余设计。

1. 自给时间的要求

自给时间是指在没有外界电源补充能量的情况下，储能设备能够维持正常运行并保证供电性能要求的持续时间。

对于独立运行的分布式发电系统，这个比较容易理解，例如，对于一个独立运行的光伏—蓄电池系统，蓄电池应该保证在光照度连续低于平均值的情况下负载仍能正常工作。

假设原来蓄电池是充满电的，在光照度低于平均值的情况下，光伏电池组件产生的电能不能完全满足负载需求，蓄电池就会释放一部分能量提供给负载，在一天结束的时候，蓄电池就会处于未充满状态。

如果第二天光照度仍然低于平均值，蓄电池就仍然要放电以供给负载的需要，蓄电池的荷电状态继续下降。或许还会连续第三天、第四天……为了避免蓄电池的损坏，这种放电过程只允许持续一定的时间，直到蓄电池的荷电状态到达指定的危险值。

系统在没有任何外来能源的情况下负载仍能正常工作的天数就是自给天数。

对于并网运行的分布式发电系统，为了减少分布式电源的随机性问题对电力系统的影响，以储能和功率预测共同解决光伏功率随机波动性问题，储能容量可按照补偿预测功率与实际功率的差额进行设计。

系统在没有任何外来能源的情况下，只依靠储能补偿实际输出功率与预测功率之间差额的持续自给时间，主要受预测模型精度和储能充放电控制的影响。

当用户负荷可以接受适当调节以适应电源的持续不足时，自给天数可以取得短一些，如 3 ~ 5 天。

如果用电负载比较重要，例如，通信、导航或者医院、诊所等重要的健康设施，自给天数就要取得长一些，如 7 ~ 10 天。

此外，还要考虑光伏系统的安装地点，如果在很偏远的地区，必须设计较大的蓄电池容量，因为维护人员还需要花费很长的时间到达现场。

2. 单一事件最大储能需求

在不同的分布式发电系统中，对储能单元有不同的功能需求。有时，单一的电力系统扰动就需要储能单元释放大部分能量来进行支撑，例如，当系统中发生短路故障时，很多节点会产生电压暂降现象。

如果要求储能单元参与对电压暂降的处理，就需要储能单元能在瞬间释放大量电能提供支持。这样的单一事件需要的能量才能得到很好的处理，也是确定储能设备容量的重要依据。

3. 储能设备的最大放电深度

各种储能方式都有能够实现或者允许的最大放电深度，例如，抽水蓄能能够释放的电能一定是小于当初抽水消耗的电能，那么其发电量和储能量之比就是放电深度的概念，这就是能够实现的放电深度。

而对于蓄电池，如果电能释放过多，则有损于蓄电池的使用寿命，因此，有一个最大允许放电深度。

一般而言，浅循环蓄电池的最大允许放电深度为 50%，而深循环蓄电池的最大允许放电深度为 80%。

如果在严寒地区，就要考虑到低温防冻问题，并对此进行必要的修正。设计时可以适当地减小这个值，扩大蓄电池的容量，以延长蓄电池的使用寿命，例如，如果使用深循环蓄电池，进行设计时，将使用的蓄电池容量最大可用百分比定为 60%，而不是 80%，这样既可以提高蓄电池的使用寿命，减少蓄电池系统的维护费用，同时又对系统初始成本不会有太大的冲击。可根据实际情况对此进行灵活处理。

根据自给时间或单一事件最大储能需求，可以计算出一个储能容量，这个储能容量可以看作需要能够发挥作用的储能容量。

将第一步得到的储能容量除以最大放电深度，才是需要配备的储能设备的容量，例如，不能让蓄电池在自给天数中完全放电，所以需要除以最大放电深度，得到所需要的蓄电池容量。

设计储能容量的基本公式如下。

$$\text{蓄电池容量}=\frac{\text{自给维持能量或单一事件最大储能需求}}{\text{最大放电深度}} \tag{2-41}$$

以一个小型的交流光伏应用系统为例。

假设交流负载的耗电量为 10 kWh/天，如果光伏系统中逆变器的效率为 90%，输入电压为 24 V，那么每天所需的直流负载需求为 10 000Wh ÷ 0.9 ÷ 24 V = 462.96 Ah。

假设用户可以比较灵活地根据天气情况调整用电，则选择 5 天的自给天数，并使用深循环电池，放电深度为 80%。

那么，蓄电池容量 = 5 天 × 462.96 Ah/0.8 = 2893.51 Ah。

4. 必要的修正和冗余设计

在实际情况中，还有很多性能参数会对蓄电池容量和使用寿命产生很大的影响。为了得到正确的蓄电池容量设计，上面的基本公式必须加以修正，例如，蓄电池的容量随着放电率的改变而改变，随着放电率（放电过程的持续时间，h）的降低，蓄电池的容量会相应增加。进行光伏系统设计时就要为所设计的系统选择在恰当的放电率下的蓄电池容量。

根据系统需求计算出可能的平均放电率，查看该型号电池在不同放电速率下的蓄电池容量，就可以对蓄电池容量进行修正。

如果在没有详细的有关容量—放电速率资料的情况下，可以粗略地估计，在慢放电率（C/100 到 C/300）的情况下，蓄电池的容量要比标准状态多 30%。

蓄电池容量还会随着温度的变化而变化。当环境温度下降时，蓄电池容量也会下降。

通常，铅酸蓄电池的容量是在 25℃时标定的。随着温度降低，0℃时的容量大约下降到额定容量的 90%，而在–20℃的时候大约下降到额定容量的 80%，所以必须考虑环境温度对蓄电池容量的影响。

温度修正系数的作用就是保证安装的蓄电池容量要大于按照 25℃标准情况算出来的容量值，从而使设计的蓄电池容量能够满足实际负载的用电需求。

如果光伏系统安装地点的气温很低，这就意味着按照额定容量设计的蓄电池容量在该地区的实际使用容量会降低，也就是无法满足系统负载的用电需求。在实际工作时就会导致蓄电池的过放电，减少蓄电池的使用寿命，增加维护成本。因此，蓄电池生产商一般会提供相关的蓄电池温度—容量修正曲线。

第三章　微电网控制及方法

与分布式发电系统不同，微电网具备两种运行状态：并网运行和孤岛运行。前者是指微电网联网运行向配电网传输有功功率和无功功率，后者是指按计划或配电网突发故障时，微电网断开与配电网的连接并进入孤岛运行状态。相比于并网型微电网，孤岛微电网由于失去大电网的频率电压支撑，系统的稳定性、可靠性及动态性能受到了很大的影响。本章从微电网控制模式和控制方法两方面对微电网基础控制的内容进行介绍，这是维持微电网稳定运行的基础。

第一节　微电网基础控制模式

一、微电网控制模式

根据微电网孤岛运行时系统的稳定运行机制和各分布式电源发挥的作用，其控制模式可分为两种：主从控制模式和对等控制模式。

（一）主从控制模式

主从控制模式是指微电网孤岛运行时，一个分布式电源（或储能装置）采用定电压定频率控制（V/f 控制），其他分布式电源采用定功率控制（PQ 控制）的运行模式。当微电网并网运行时，由大电网提供对其电压和频率的支撑，所有分布式电源按设定功率控制输出，最大化可再生能源的利用率。然而，当微电网处于孤岛模式运行时，系统失去了大电网的电压和频率支撑，需要一个分布式电源采用定电压定频率控制，以维持系统稳定运行，我们称它为主控单元，相应控制器称为主控制器，其他分布式电源则仍然采用定功率控制，称为从控单元，相应控制器称为从控制器，系统结构如图 3-1 所示。

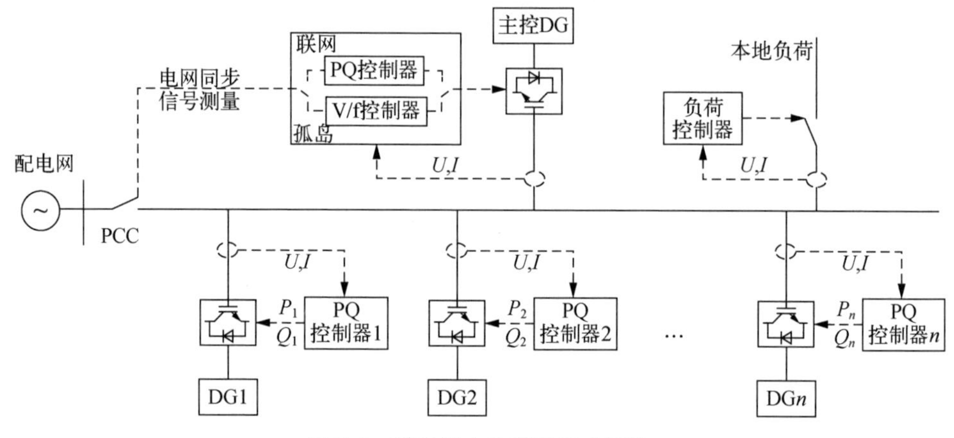

图 3-1 微电网主从控制模式结构

主控单元是孤岛微电网主从控制模式的核心，需要根据负荷的变化自动增加或减少输出功率以维持系统的供需功率平衡，因此要求其功率输出能够在一定范围内可控并可快速调节。常见的主控单元包括 3 种形式：储能装置、易于控制的分布式电源以及分布式电源加储能装置。其中分布式电源加储能装置作为主控单元的形式，可充分利用储能系统快速充放电特性平抑可再生能源波动性，实现微电网长时间的稳定运行。此外，主控单元可基于全局信息，调节从控单元的有功功率和无功功率设定值，将自身承担的全部功率或部分功率转移到其他可控分布式电源，以维持孤岛微电网系统的稳定。若微电网中负荷变化较大，从控分布式电源的有功功率和无功功率已达上限时，主控制器则采取相应的切负荷操作维持系统稳定运行。

主从控制模式能够保证孤岛微电网运行时电压和频率的无差控制，但是此控制模式对主控单元的依赖性较大，一方面主控单元必须具有足够大的容量和较高的响应速度，以应对供需功率的动态变化；另一方面主控单元的故障可能影响微电网系统电压和频率的稳定性，甚至导致系统崩溃。另外，主控单元负责整个微电网分布式电源的协调控制，通过采集全局信息生成各分布式电源的控制指令，这对通信系统具有较高的实时性和可靠性要求，增加了微电网的建设成本和复杂程度。

（二）对等控制模式

对等控制模式是指微电网中所有分布式电源在控制上具有同等的地位，不存在主和从的关系，各控制器根据分布式电源接入系统点的电压和频率进行就地控制，共同参与系统的有功功率和无功功率分配，并共同为微电网提供稳定的电压和频率支撑，系统结构如图 3-2 所示。目前，常见的对等控制策略是下垂控制，它模拟同步发电机有功功率和频率、无功功率和电压间的耦合关系，根据具体控制需求制定合理的下垂特性曲线，对分布式电源进行控制。一般情况下，分布式电源根据各自的容量设置下垂系数，通过下垂控制使微电网达到一个新的全局稳态工作点，并实现各分布式电源对负荷功率需求的合理分配。由于下垂控制是通过调节电压和频率实现分布式电源有功功率和无功功率的变化，以跟踪负载的实时变动，可能导致系统稳态电压和频率偏离其额定值，因此对系统的电压和频率而言，这种控制方式本质上是有差控制。

主从控制模式和对等控制模式的区别可归纳为：

（1）是否需要通信链路；

（2）是有差调节还是无差调节；

（3）是否需要控制方式切换。

与主从控制模式相比，对等控制模式中各分布式电源无须通信链路即可自动参与微电网频率和电压的调节，并实现负荷功率变化在分布式电源间的合理分配，这易于实现分布式电源“即插即用”的功能并降低微电网系统的通信成本，由于避免了对主控单元的依赖，极大地提高了系统的可靠性。此外，对等控制模式下的下垂控制能够运行在微电网并网、孤岛以及模式切换等各种运行过程中，无须进行控制器间的切换（PQ 控制-V/f 控制或 V/f 控制-PQ 控制），更有利于实现微电网并、离网无缝切换。

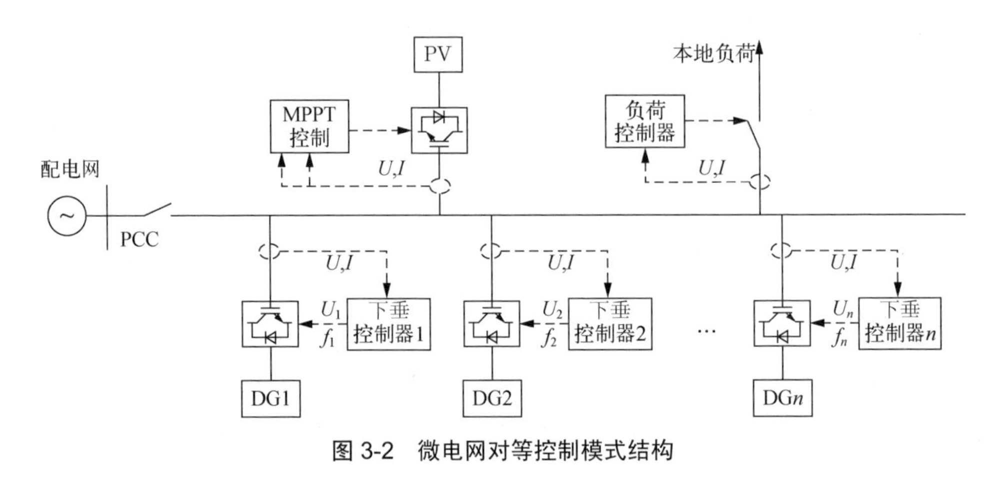

图 3-2 微电网对等控制模式结构

二、逆变器控制方法

微电网中的大部分分布式电源需要通过电能变换装置并网运行，电能变换装置可分为 DC/DC 斩波器、DC/AC 逆变器、AC/DC 整流器、AC/AC 变频器 4 类。逆变器为交流微电网中较常见的电力电子变换装置，理想的逆变器是基于功率不变特性将直流变换为交流，根据逆变器直流侧电源的性质可分为电压型逆变器和电流型逆变器。由于逆变器是由直流电源供能，为使直流电源的电压或电流恒定，不出现脉动，在逆变器的直流侧需设置储能装置，当储能元件为电容时，可以保证直流电压稳定，即电压型逆变器；当储能元件为电感时，可以保证直流电流稳定，即电流型逆变器。

如图 3-3 所示为三相电压型逆变器的电路原理图，由直流到交流逆变部分和接口电路部分组成。

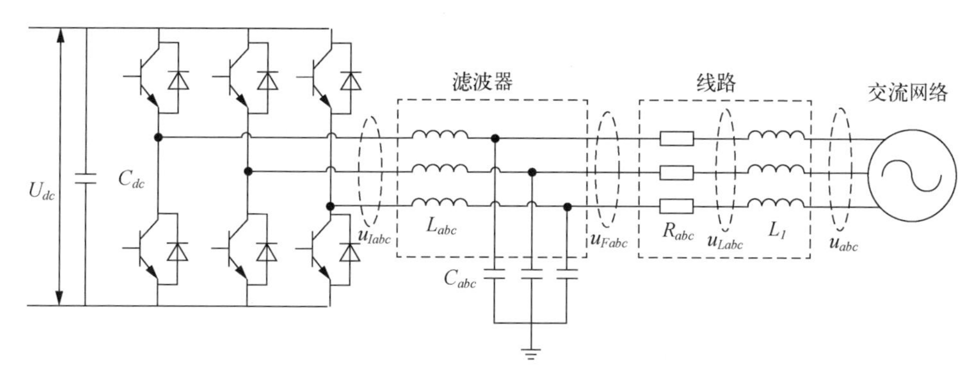

图 3-3　三相电压型逆变器电路原理

直流到交流逆变部分中，U_{dc} 表示直流侧电压，C_{dc} 表示直流侧电容。逆变器直流侧并联较大容量的滤波电容，相当于稳定的电压源，直流回路呈低阻抗特性；交流侧输出电压的波形为矩形波，与负载阻抗角无关，输出电流的波形和相位随负载阻抗的不同而不同。当交流侧负载为阻感性时，需要提供无功功率，而同一相上下两个桥臂的开关信号是互补的，阻感负载电流不能立即改变方向，需要二极管续流，当开关器件为接通状态时，交流侧电流和电压同方向，直流侧向交流侧提供能量。二极管起着使交流电流连续的作用，称为续流二极管；换流在同一相上下两个桥臂间进行，称为纵向换流；输出交流电压可通过控制幅值和相位实现。

由图 3-3 可知，假设逆变器输出的电压等级与交流网络一致，则输出电压经电感电容（LC）滤波器和连接线路连接至交流网络。LC 滤波器的作用为滤去输出电压中的谐波分量，提高供电电能质量。图 3-3 中，接口电路基于基尔霍夫电压和电流定律，可得以下数学模型：

$$\begin{cases} L\dfrac{\mathrm{d}i_{La}}{\mathrm{d}t}=u_{Ia}-u_{Fa} \\ L\dfrac{\mathrm{d}i_{Lb}}{\mathrm{d}t}=u_{Ib}-u_{Fb} \\ L\dfrac{\mathrm{d}i_{Lc}}{\mathrm{d}t}=u_{Ic}-u_{Fc} \end{cases} \tag{3-1}$$

$$\begin{cases} C\dfrac{\mathrm{d}u_{Fa}}{\mathrm{d}t}=i_{La}-\dfrac{u_{Fa}-u_{La}}{R} \\ C\dfrac{\mathrm{d}u_{Fb}}{\mathrm{d}t}=i_{Lb}-\dfrac{u_{Fb}-u_{Lb}}{R} \\ C\dfrac{\mathrm{d}u_{Fc}}{\mathrm{d}t}=i_{Lc}-\dfrac{u_{Fc}-u_{Lc}}{R} \end{cases} \tag{3-2}$$

$$\begin{cases} L_1\dfrac{\mathrm{d}i_a}{\mathrm{d}t}=u_{La}-u_a \\ L_1\dfrac{\mathrm{d}i_b}{\mathrm{d}t}=u_{Lb}-u_b \\ L_1\dfrac{\mathrm{d}i_c}{\mathrm{d}t}=u_{Lc}-u_c \end{cases} \tag{3-3}$$

式中，L 和 C 分别表示滤波器的电感和电容；R 和 L_1 分别为连接线路的电阻和电感；i_{La}、i_{Lb}、i_{Lc} 代表逆变器输出相电流；i_a、i_b、i_c 对应于流入交流网络的相电流；u_{Ia}、u_{Ib}、u_{Ic} 为逆变器输出相电压；u_{Fa}、u_{Fb}、u_{Fc} 为经滤波后相电压；u_{La}、u_{Lb}、u_{Lc} 为经连接线路电阻后的电压；u_a、u_b、u_c 为交流网络侧电压。为了简化控制问题，根据变化前后功率不变的原则，对式（3-1）~式（3-3）进行正交 Park 变换，从而将自然坐标系下的三相信号进行转换，可得

$$\begin{cases} L\dfrac{\mathrm{d}i_{Ld}}{\mathrm{d}t}=u_{Id}-u_{Fd}-\omega Li_{Lq} \\ L\dfrac{\mathrm{d}i_{Lq}}{\mathrm{d}t}=u_{Iq}-u_{Fq}-\omega Li_{Ld} \end{cases} \tag{3-4}$$

$$\begin{cases} C\dfrac{\mathrm{d}u_{Fd}}{\mathrm{d}t}=i_{Ld}-\dfrac{u_{Fd}-u_{Ld}}{R}-\omega Cu_{Fq} \\ C\dfrac{\mathrm{d}u_{Fq}}{\mathrm{d}t}=i_{Lq}-\dfrac{u_{Fq}-u_{Lq}}{R}+\omega Cu_{Fd} \end{cases} \tag{3-5}$$

$$\begin{cases} L_1\dfrac{\mathrm{d}i_d}{\mathrm{d}t}=u_{Ld}-u_d-\omega L_1i_q \\ L_1\dfrac{\mathrm{d}i_q}{\mathrm{d}t}=u_{Lq}-u_q-\omega L_1i_d \end{cases} \tag{3-6}$$

式中，i_{Ld}、i_{Lq}分别为i_{La}、i_{Lb}、i_{Lc}经过 Park 变换后的d轴和q轴分量；i_d、i_q分别对应于i_a、i_b、i_c经过 Park 变换后的d轴和q轴分量；u_{Id}、u_{Iq}对应于u_{Ia}、u_{Ib}、u_{Ic}经过 Park 变换后的d轴和q轴分量；u_{Fd}、u_{Fq}对应于u_{Fa}、u_{Fb}、u_{Fc}经过 Park 变换后的d轴和q轴分量；u_{Ld}、u_{Lq}对应于u_{La}、u_{Lb}、u_{Lc}经过 Park 变换后的d轴和q轴分量；u_d、u_q对应于u_a、u_b、u_c经过 Park 变换后的d轴和q轴分量。

当图 3-3 中主电路的连接线路比较短时，可忽略线路的影响（$R = L_1 = 0$）；当滤波电容足够小时，可忽略滤波电容中的电流（$C = 0$，$i_{La} = i_d$，$i_{Lq} = i_q$），模型得到简化。由式（3-4）~式（3-6）主电路模型可知，逆变器d轴和q轴间存在耦合，需要进行解耦控制。

逆变器控制策略是实现分布式电源接入微电网的关键技术，对分布式电源的运行性能产生重要影响。从主电路的结构形式和实现的功能方面看，目前比较常见的是双环控制系统。外环控制器为功能环，体现不同的控制目的，同时产生内环参考信号，一般动态响应较慢；内环控制器对注入电流进行精细调节，提高抗扰性及电能质量，一般动态响应较快。分布式电源种类不同，在微电网中所起到的作用也会不同，需要采用不同的控制策略。控制策略的不同通常体现在逆变器的外环控制器上。基于不同的外环控制方法，常见的分布式电源逆变器控制策略可分为：

（1）恒功率控制（PQ 控制）；

（2）恒压/恒频控制（V/f 控制）；

（3）下垂控制；

（4）虚拟同步发电机控制（VSG 控制）。

如图 3-4 所示描述了典型的逆变器控制系统结构。

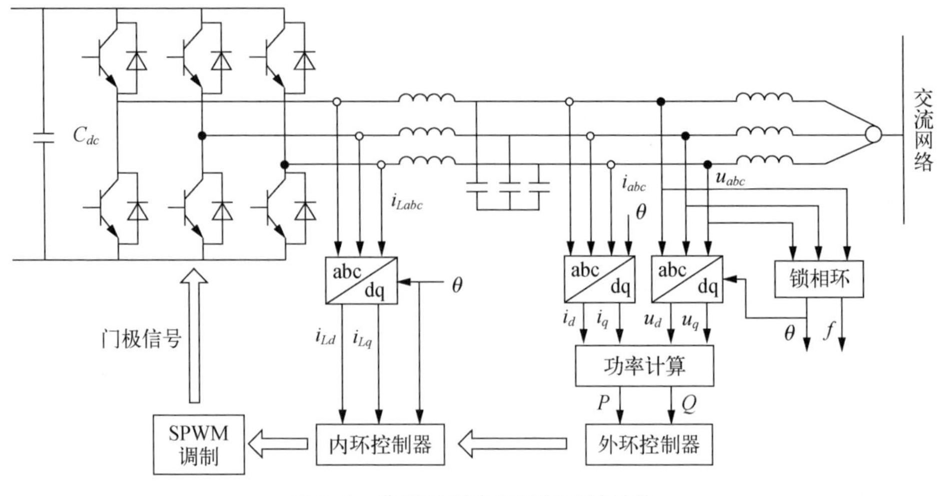

图 3-4 典型的逆变器控制系统结构

（一）恒功率控制

恒功率控制（PQ 控制）是指当并网逆变器所连接系统的频率和电压在允许范围内变化时，控制分布式电源输出的有功功率和无功功率等于其参考值。恒功率控制基于 dq 轴旋转坐标系下的控制框图如图 3-5 所示，包括功率外环和电流内环。其中，功率外环将有功功率和无功功率解耦后分别进行控制，电流内环为典型的电流控制环，实现参考电流快速跟踪。

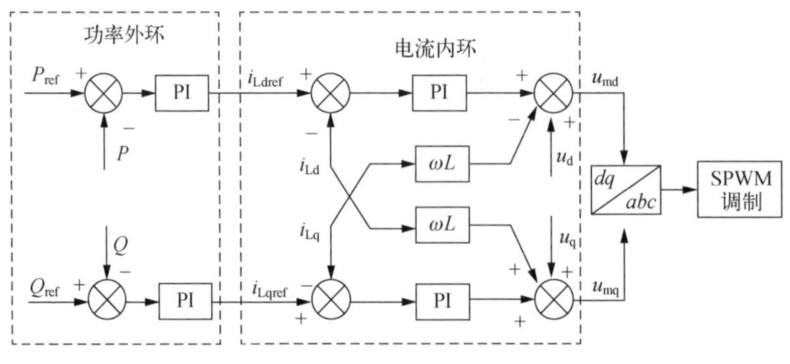

图 3-5 PQ 控制框图

在图 3-5 中，通过对逆变器输出端三相电压和三相电流进行 Park 变换得到 dq 轴电压电流分量，再根据功率计算公式得到逆变器实际输出有功功率和无功功率。该功率与给定的有功功率和无功功率参考值比较后产生误差信号，经 PI 控制器得到内环控制参考信号，控制过程如下所示：

$$\begin{cases} P = u_d i_d + u_q i_q \\ Q = u_q i_d + u_d i_q \end{cases} \tag{3-7}$$

$$\begin{cases} i_{Ldref} = \left(k_P + \dfrac{k_i}{s}\right)\left(P_{ref} - P\right) \\ i_{Lqref} = \left(k_P + \dfrac{k_i}{s}\right)\left(Q_{ref} - Q\right) \end{cases} \tag{3-8}$$

式中，u_d、u_q、i_d、i_q 分别为逆变器出口电压、电流的 dq 轴分量；P、Q、P_{ref}、Q_{ref} 表示逆变器实际输出有功功率、无功功率和有功功率参考指令、无功功率参考指令；k_p 和 k_i 分别为外环控制器的比例、积分系数；i_{Ldref} 和 i_{Lqref} 为内环控制器参考信号。电流内环控制是基于对电感电流进行 PI 控制、dq 轴交叉耦合补偿及电压前馈补偿，实现电流参考值的无静态误差跟踪，如式（3-9）所示。

$$\begin{cases} u_{md} = \left(k_{Pc} + \dfrac{k_{ic}}{s}\right)\left(i_{Ldref} - i_{Ld}\right) - \omega L i_{Lq} + u_d \\ u_{mq} = \left(k_{Pc} + \dfrac{k_{ic}}{s}\right)\left(i_{Lqref} - i_{Lq}\right) - \omega L i_{Ld} + u_q \end{cases} \tag{3-9}$$

式中，i_{Ld}、i_{Lq} 分别表示电感电流的 dq 轴分量；k_{pc}、k_{ic} 为 PI 控制器的控制参数；u_{md}、u_{mq} 为 dq 轴调制信号。该控制方式通过交叉耦合补偿以及电压前馈补偿，实现了控制方程中 dq 轴分量的解耦控制。

若 Park 变换中 d 轴与电压矢量同方向，则 q 轴电压分量为零。根据式（3-7），有功功率控制仅与 d 轴有功电流有关，无功功率控制仅与 q 轴电流有关，则内环控制器参考信号 i_{Ldref} 和 i_{Lqref} 可由式（3-10）简化的定功率控制策略得到。

$$\begin{cases} i_{Ldref} = \dfrac{P_{ref}}{u_d} \\ i_{Lqref} = \dfrac{Q_{ref}}{u_d} \end{cases} \tag{3-10}$$

（二）恒压/恒频控制

恒压/恒频控制（V/f 控制）的目标是不论分布式电源输出功率和系统负载如何变化，逆变器所接母线的电压幅值和频率维持不变。孤岛微电网在主从控制模式下，主电源的逆变器一般采用 V/f 控制为全网提供稳定的电压、频率支持，相当于常规电力系统的平衡节点。V/f 控制单元一般选择蓄电池等储能设备，微型燃气轮机和燃料电池也可作为备用 V/f 控制单元。V/f 控制采用双环控制结构，控制框图如图 3-6 所示。

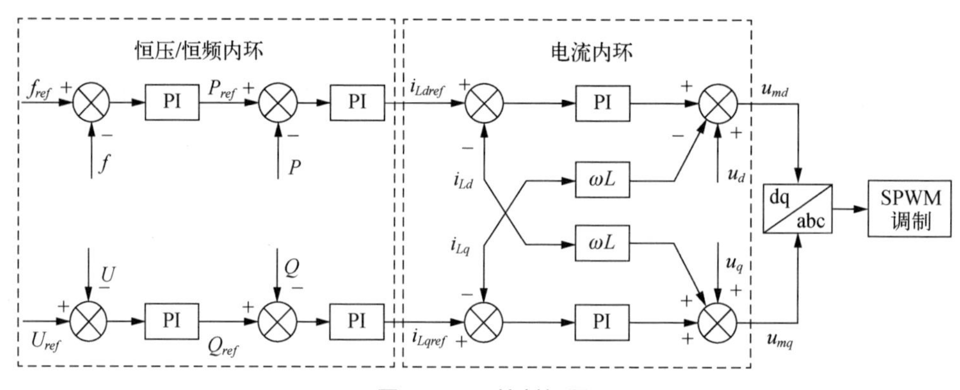

图 3-6 V/f 控制框图

在图 3-6 中，f、U 分别为微电网实际频率和电压；f_{ref}、U_{ref} 分别为频率、电压参考值。频率控制器通过调节分布式电源输出的有功功率，使频率维持在给定的参考值；电源控制器通过调节分布式电源输出的无功功率，使电压维持在给定的参考值，电流内环控制部分与图 3-5 类似。恒压/恒频控制过程可表述如下：

$$\begin{cases} P_{ref} = \left(k_{pf} + \dfrac{k_{if}}{s}\right)\left(f_{ref} - f\right) \\ Q_{ref} = \left(k_{pu} + \dfrac{k_{iu}}{s}\right)\left(U_{ref} - U\right) \end{cases} \tag{3-11}$$

式中，k_{pf}、k_{if}、k_{pu}、k_{iu} 分别为外环 PI 控制器的控制参数。V/f 控制主要利用主控单元快速的功率吞吐能力释放或吸收电能，从而抑制系统功率波动或消纳间歇性分布式电源输出功率带来的影响，维持电压幅值和频率的稳定。由于任何分布式电源都有容量限制，只能提供有限的功率，采用此控制方法时需要提前确定负荷和电源间的功率匹配情况。

（三）下垂控制

下垂控制通过模拟发电机组功频特性使各分布式电源共同参与维持系统频率和电压的稳定，并实现有功功率和无功功率的无互联控制，适用于微电网对等控制模式，可以避免单一主控单元故障可能对系统性能造成的不利影响。为便于分析，将分布式电源与并网逆变器等效成恒压源，通过线路连接至交流母线，其等效电路可简化为如图 3-7 所示。

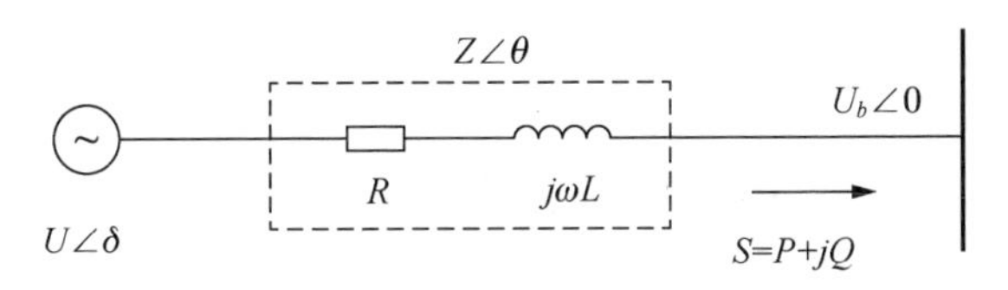

图 3-7　单台分布式电源功率传输示意图

在图 3-7 中，$U_b \angle 0$ 是公共母线电压；$U\angle\delta$ 是分布式电源的输出电压，U 为电压幅值，δ 为电压功角；$Z\angle\theta = R + j\omega L$ 是分布式电源的等效阻抗（即输出阻抗和连接阻抗之和），Z 为阻抗幅值，θ 为阻抗角；S 是分布式电源的视在功率；P 和 Q 分别为有功功率和无功功率。根据功率流特性，分布式电源输出有功功率和无功功率可表示如下：

$$\begin{cases} P=\left(\dfrac{U_bU}{Z}\cos\delta-\dfrac{U_b^2}{Z}\right)\cos\theta+\dfrac{U_bU}{Z}\sin\delta\sin\theta \\ Q=\left(\dfrac{U_bU}{Z}\cos\delta-\dfrac{U_b^2}{Z}\right)\sin\theta+\dfrac{U_bU}{Z}\sin\delta\cos\theta \end{cases} \tag{3-12}$$

由式（3-12）可得，输出有功功率和无功功率与电压频率和幅值有关，并且因等效阻抗特性的差异对应于不同的关系。通常情况下，分布式电源输出端和母线间电压功角差δ很小，则$\sin\delta\approx\delta$，$\cos\delta\approx 1$。表 3-1 描述了不同等效阻抗情况下，分布式电源输出有功功率和无功功率的表达式。

表 3-1　不同等效阻抗情况下的输出有功功率和无功功率表达式

等效阻抗情况	输出有功功率和无功功率表达式
感性	$P\approx\dfrac{U_bU}{X}\delta$，$Q\approx\dfrac{U_b(U-U_b)}{X}$
阻性	$P\approx\dfrac{U_b(U-U_b)}{R}$，$Q\approx\dfrac{U_bU}{R}\delta$
阻感性混合	$P\approx\dfrac{U_b(U-U_b)}{Z}\cos\theta$，$Q\approx\dfrac{U_bU}{Z}\delta\sin\theta$ $P\approx\dfrac{U_b(U-U_b)}{Z}\sin\theta$，$Q\approx\dfrac{U_bU}{Z}\delta\cos\theta$

当等效阻抗为感性、阻性以及阻感性混合时，分布式电源有功功率和无功功率与电压功角差和幅值差呈现不同的关系，进一步可对应于不同的下垂控制方法。下面针对以上 3 种情况下下垂控制的控制原理和控制策略进行介绍。

1. 基本下垂控制方法

考虑到频率和功角直接相关，在实际应用中可以用频率代替功角，因此可将下垂控制方法分为频率下垂控制和功角下垂控制，其中频率下垂控制根据等效阻抗特性可进一步分为感性频率下垂控制、阻性频率下垂控制以及阻感性频率下垂控制。

（1）频率下垂控制。

①感性频率下垂控制。由表 3-1 可知，当等效线路为强感性（$\theta=90°$）时，分布式电源输出有功功率主要取决于功角差，输出无功功率主要取决于电压幅值差，从而可将传统发电机功频下垂特性引入微电网逆变器控制中，实现有功功率与频率、无功功率与电压的解耦控制。

感性频率下垂控制特性如图 3-8 所示，分布式电源初始运行点为 A，对应输出电压幅值为 U_0，系统频率为 f_0，有功功率为 P_0，无功功率为 Q_0。下垂控制具有内在的负反馈作用，以系统有功（无功）功率负荷增大为例，有功（无功）功率不足导致频率（电压）下降，此时逆变器控制系统调节分布式电源输出有功（无功）功率按下垂特性相应增大，同时负荷功率也因频率（电压）下降而有所减小，最终系统在下垂控制特性和负荷调节特性的共同作用下达到新的稳定运行点 B。由图 3-8 中有功功率和频率、无功功率和电压的对应关系可知，目前感性频率下垂控制存在两种基本的控制结构。

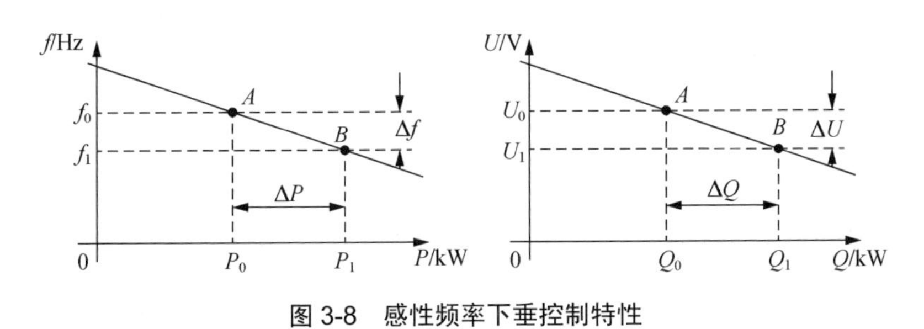

图 3-8　感性频率下垂控制特性

首先，通过调节电压频率和幅值分别控制逆变器输出有功功率和无功功率，即基于 f/P 和 V/Q 的下垂控制，其控制框图如图 3-9 所示，下垂控制环基于分布式电源输出电压频率和幅值的测量值，以及下垂特性确定分布式电源有功功率和无功功率参考值，并实现各分布式电源间的负荷功率分配；功率–电流内环产生 dq 轴调制信号实现对功率设定值的静态跟踪，核心下垂控制环的表述如下：

$$\begin{cases} P_{ref} = P_0 + (f_0 - f) m_f \\ Q_{ref} = Q_0 + (U_0 - U) n_u \end{cases} \tag{3-13}$$

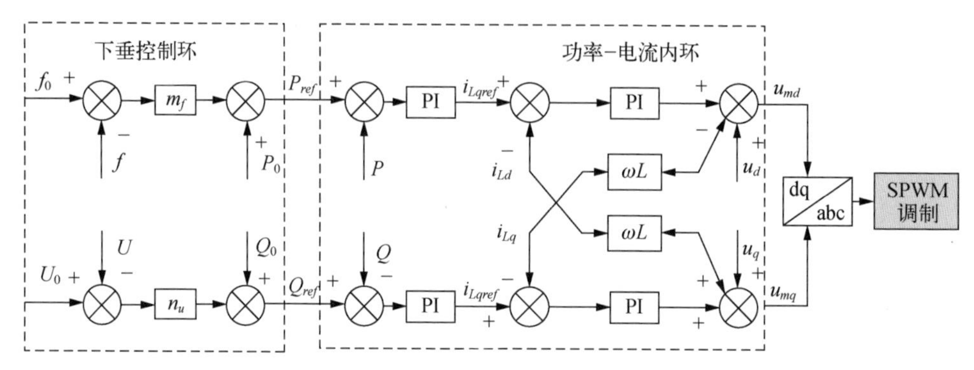

图 3-9　基于 f/P 和 V/Q 的下垂控制典型结构

式中，m_f、n_u 分别为频率和电压下垂增益；P_0、Q_0 分别为分布式电源额定有功功率和无功功率；f_0、U_0 分别为逆变器输出电压额定频率和幅值；P_{ref}、Q_{ref} 分别为下垂控制环产生的分布式电源输出有功功率和无功功率参考值。

其次，通过调节输出有功功率和无功功率分别控制电压频率和幅值，即基于 P/f 和 Q/V 的下垂控制，其控制框图如图 3-10 所示，下垂控制环基于分布式电源输出有功功率和无功功率的测量值以及下垂特性，确定分布式电源输出电压频率和幅值的参考值，再利用控制信号形成环节产生 dq 轴调制变量。与基于 f/P 和 V/Q 的下垂控制相比，这是一种仅存在外环的单环控制结构，其核心控制方程可表述如下：

$$\begin{cases} f_{ref} = f_0 - (P - P_0) m_P \\ U_{ref} = U_0 - (Q - Q_0) n_Q \end{cases} \tag{3-14}$$

式中，f_{ref}、U_{ref} 分别为下垂控制环产生的分布式电源输出电压频率和幅值的参考值；m_P、n_Q 分别为有功功率和无功功率下垂增益。

考虑到微电网中可能存在其他旋转电机接口分布式电源，分布式电源逆变器采用感性频率下垂控制策略更易于与旋转电机接口微源以及传统大电网兼容，即常规频率下垂控制，分布式二次控制主要是基于感性频率下垂控制进行分析。

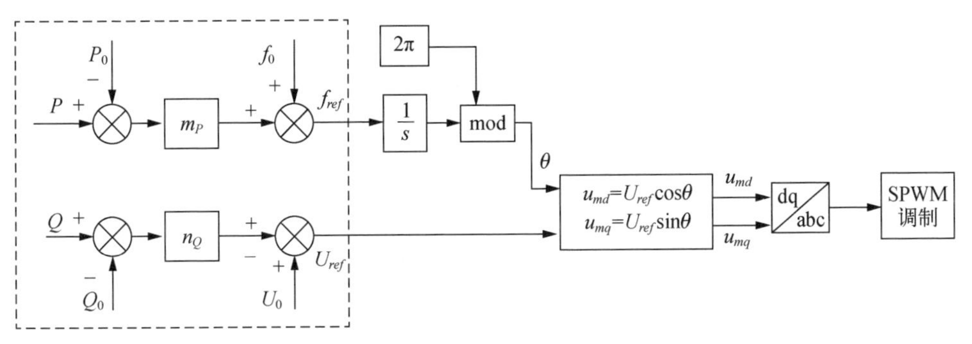

图 3-10　基于 P/f 和 Q/V 的下垂控制典型结构

②阻性频率下垂控制。感性频率下垂控制可以很好地适用于感性连接阻抗情况下的微电网，但对于低压交流微电网，线路主要呈阻性（ $\theta=0°$ ），此时无功功率主要取决于功角差，有功功率主要取决于电压差，感性频率下垂控制的效果受到影响。基于 P/V 和 Q/f 的阻性频率下垂控制原理如图 3-11 所示。

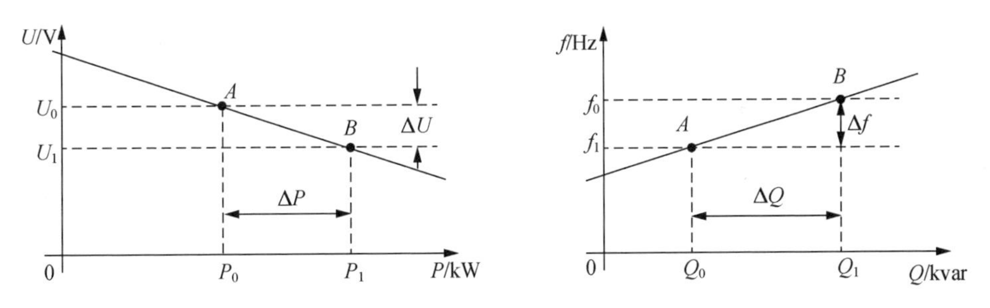

图 3-11　基于 P/V 和 Q/f 的阻性频率下垂控制原理

阻性频率下垂控制与感性频率下垂控制类似，也具有内在的负反馈作用，即下垂控制的单调性与分布式电源功率输出的单调性相反，最终系统在下垂控制特性和负荷调节特性的共同作用下达到新的功率平衡，其控制策略可表述如下：

$$\begin{cases} f_{ref}=f_0-\left(Q-Q_0\right)m_Q \\ U_{ref}=U_0-\left(P-P_0\right)n_P \end{cases} \tag{3-15}$$

控制框图如图 3-12 所示。

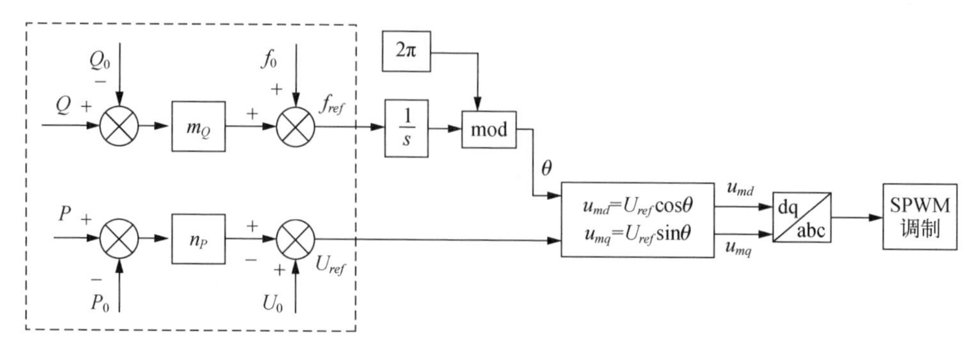

图 3-12 基于 P/V 和 Q/f 的下垂控制典型结构

基于 P/V 和 Q/f 的下垂控制对应于阻性微电网的功率传输特性，但与传统同步机控制律不兼容，存在与大电网协调的问题。此外，由式（3-15）可知，电压的本地测量特性将导致有功功率难以合理均分，当各分布式电源的线路差异较大时，甚至引起较大的有功功率环流，影响控制系统的稳定性，在一定程度上限制了它的应用范围。

③阻感性频率下垂控制。对于等效阻抗为阻感性混合的微电网，由于有功功率和无功功率存在耦合关系（表 3-1），单纯的感性或阻性频率下垂控制均不能获得良好的控制效果，进一步提出适用于复杂阻感线路的下垂控制策略。如下式所示：

$$\begin{cases} f_{ref} = f_0 - (P - Q)m_{PQ} \\ U_{ref} = U_0 - (P + Q)n_{PQ} \end{cases} \tag{3-16}$$

式中，为便于策略表述，P 和 Q 均取为 0；m_{PQ} 和 n_{PQ} 分别为频率和电压对应的下垂增益。该方法可以实现微电网阻感性线路情况下的分布式电源输出有功功率和无功功率的近似解耦，并保证较好的动态特性。

P/V 和 Q/V 的下垂特性，适用于低电抗电阻比值线路的 P/Q/V 下垂控制，同时利用有功功率和无功功率调节光伏发电系统公共连接点电压，控制策略为：

$$U_{ref} = U_0 - m_P P - n_Q Q \tag{3-17}$$

上述方法都是利用分布式电源输出有功功率和无功功率的耦合项调节电压的

频率和幅值，可以有效克服传统感性和阻性频率下垂控制在阻感性混合微电网中的应用难题，但这类方法并不能保证有功功率和无功功率的完全均分，容易造成分布式电源间环流，影响控制系统稳定性。此外，下垂增益的选取将进一步增加难度。

（2）功角下垂控制。

功角下垂控制是指直接利用功角与频率的关系进行功率分配的控制方法，具体控制策略如下式所示：

$$\begin{cases}\delta = \delta_0 - m_P(P - P_0) \\ U = U_0 - n_Q(Q - Q_0)\end{cases} \tag{3-18}$$

式中，有功功率下垂控制基于连接线路的 P/δ 关系实现，无功功率下垂控制形式与感性频率下垂控制形式一致。由于功角下垂控制可以在稳定频率下直接控制逆变器输出功角，并不会引起频率波动，有效地避免了频率下垂控制中的频率静态偏差问题。此外，功角与逆变器间功率环流的产生、电网相位同步密切相关，协同控制逆变器功角从原理上可以实现微电网并、离网平滑切换和二次控制环流抑制的目标。进行功角下垂控制最大的问题是所有逆变器需要统一的功角参考值，从而能够在同一参考坐标系下测量功角，因此该方法需要全局同步信息提供统一时钟频率，额外增加了通信成本。

2. 下垂控制改进方法

（1）基于虚拟阻抗的下垂控制。通过构建期望的阻抗值以实现分布式电源输出有功功率和无功功率解耦，并消除由不平衡阻抗引起的逆变器功率环流等问题。虚拟阻抗法的原理如图 3-13 所示，假设在逆变器控制点 A 前面存在一虚拟阻抗，并且虚拟阻抗与线路阻抗之和呈感性，则可针对 B 点的虚拟发电机应用传统感性频率下垂控制，并通过计算 A 点的电压对逆变器进行控制。

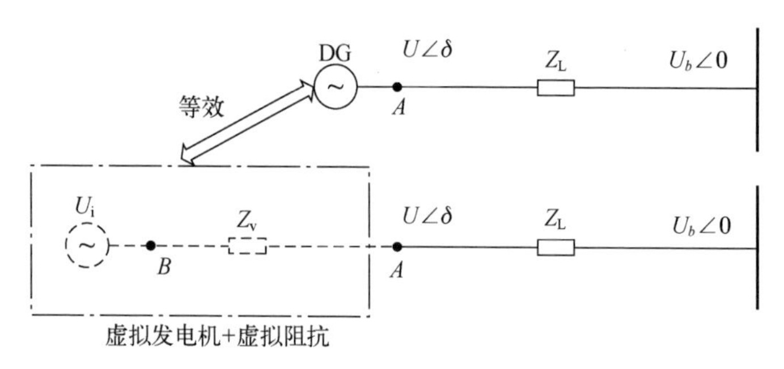

图 3-13　基于虚拟阻抗的下垂控制结构

由于虚拟阻抗一般为电感，不消耗或消耗极小的有功功率，因此，A 点与 B 点有功功率相同，可直接应用有功–频率下垂控制测量。经理论推导证明 B 点的电压与 A 点的无功功率存在正相关关系，因此可利用无功电压关系获得 B 点的控制电压，并根据下式求得逆变器的输出电压：

$$\begin{cases} U = U_i - I_i Z_v \\ U_i = U_0 - n_Q Q_i \end{cases} \tag{3-19}$$

式中，U_i 为虚拟发电机输出电压；I_i 为虚拟发电机至逆变器线路的线路电流；Z_v 为虚拟阻抗。如图 3-14 所示为基于虚拟阻抗的频率下垂控制结构。

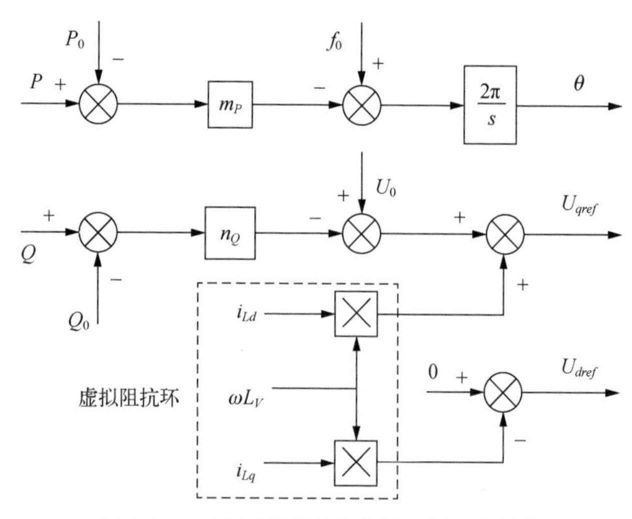

图 3-14　基于虚拟阻抗的频率下垂控制结构

虚拟阻抗使微电网中逆变器的下垂控制保持了传统同步发电机下垂控制的特性，有利于与大电网的协调运行，并且可以有效抑制并联逆变器间的环流和电网扰动引起的过电流。但当微电网中含有引起较大谐波的负载时，虚拟阻抗可能导致分布式电源输出电压畸变，产生严重的电压质量问题。

（2）虚拟坐标变换法。虚拟坐标变换法通过组合有功功率和无功功率（频率和电压）形成虚拟变量使其与电压和频率（有功功率和无功功率）的关系仍保持传统感性频率下垂控制的形式，它包括两种方式，即虚拟有功功率和无功功率（PQ）变换和虚拟电压频率（Vf）变换。

①虚拟 PQ 坐标变换法。对表 3-1 中阻性线路情况下的输出功率表达式进行变换，可得下式：

$$\begin{cases}\dfrac{XP-RQ}{Z}=\dfrac{U_bU}{Z}\sin\delta\\[2mm]\dfrac{RP-XQ}{Z}=\dfrac{U\left(U-U_b\cos\delta\right)}{Z}\end{cases}\tag{3-20}$$

基于正交线性旋转变换，新设虚拟有功功率和无功功率如下：

$$\begin{bmatrix}P'\\Q'\end{bmatrix}=\begin{bmatrix}\sin\theta & -\cos\theta\\ \cos\theta & \sin\theta\end{bmatrix}\begin{bmatrix}P\\Q\end{bmatrix}\tag{3-21}$$

式中，P' 和 Q' 分别为变换后虚拟的有功功率和无功功率；θ 为连接线路阻抗角。

因此，可以通过虚拟 PQ 坐标变换法实现逆变器输出有功功率和无功功率的解耦控制，如下式所示：

$$\begin{cases}f=f_0-m_P\left(P'-P_0'\right)\\U=U_0-n_Q(Q'-Q_0')\end{cases}\tag{3-22}$$

虚拟 PQ 坐标变换法实现下垂控制的方式可以适用于任何阻抗比线路，但此种方法仅能实现虚拟有功功率的均分，实际的有功功率和无功功率均分则会受到影响。此外，实现坐标变换需要提供线路阻抗参数，而实际的线路参数往往难以精确获知。

②虚拟 Vf 坐标变换法。与虚拟 PQ 坐标变换法类似，虚拟 Vf 坐标变换法的方程如下式所示：

$$\begin{bmatrix} f' \\ U' \end{bmatrix} = \begin{bmatrix} \sin\varphi & -\cos\varphi \\ \cos\varphi & \sin\varphi \end{bmatrix} \begin{bmatrix} f \\ U \end{bmatrix} \tag{3-23}$$

式中，f' 和 U' 分别为变换后虚拟的电压频率和幅值；φ 为旋转变换角，等于分布式电源连接线路阻抗角。可以通过虚拟 Vf 坐标变换法实现逆变器有功功率和无功功率解耦的下垂控制，控制策略如下式所示：

$$\begin{cases} f' = f_0' - m_P\left(P - P_0\right) \\ U' = U_0' - n_Q(Q - Q_0) \end{cases} \tag{3-24}$$

基于虚拟 Vf 坐标变换法的下垂控制可以直接对实际有功功率和无功功率进行控制，适用于不同阻抗比的线路。但式（3-24）中虚拟频率和虚拟电压的初始值和下垂系数不易确定，而且各分布式电源的线路差异将引起变换后的频率和电压差异，这样，一方面导致较难确定实际的频率和电压范围；另一方面各分布式电源很容易因频率不一致而失去同步，对系统的稳定性将造成影响。

③基于自适应下垂系数的下垂控制。常规下垂控制中下垂系数是常数，为了改善微电网系统的动态性能以适应各种工况，可以自适应改变下垂系数，形成自适应下垂控制。将逆变器输出有功功率和无功功率的一次函数或二次函数引入下垂控制系数表达式中，可得自适应下垂控制：

$$\begin{cases} f = f_0 - (m_P - a_f P - b_f P^2)\left(P - P_0\right) \\ U = U_0 - (n_Q - a_U Q - b_U Q^2)(Q - Q_0) \end{cases} \tag{3-25}$$

式中，a_f、b_f、a_U、b_U 为自适应参数。

此外，也可以直接将有功功率和无功功率的微分量引入下垂控制中，得到另一自适应下垂控制策略：

$$\begin{cases} f = f_0 - m_P P - k_f \dfrac{\mathrm{d}P}{\mathrm{d}t} \\ U = U_0 - n_Q Q - k_U \dfrac{\mathrm{d}Q}{\mathrm{d}t} \end{cases} \tag{3-26}$$

由于系统的频率是全局变量，在感性频率下垂控制下分布式电源输出有功功率能够按照容量进行均分。而电压是局部变量，无功电压下垂控制系数、拓扑结构、线路参数和有功功率分配均会影响无功功率分配的精度。根据逆变器无功功率分配的影响因素，利用线路电压降补偿和无功下垂系数自适应调整可有效地改善无功功率的分配状况，控制策略表达式如下：

$$\begin{cases} U = U_0 + \dfrac{RP + XQ}{U_0} - D(P,Q)(Q - Q_0) \\ D(P,Q) = n + k_Q Q^2 + k_P P^2 \end{cases} \tag{3-27}$$

上述改进无功电压下垂控制方法虽然不能完全实现分布式电源输出无功功率的精确分配，但可以有效地改善系统控制性能，抑制并联逆变器的无功环流，在重载下具有较好的控制效果。

本节所述的各种基本下垂控制方法和改进方法各有优势和不足，对比情况如表 3-2 所示。

表 3-2　基本下垂控制方法和改进方法的比较情况

下垂方法	优　势	不　足
感性频率下垂控制	与旋转电机接口微源及传统大电网兼容	阻性线路（低压微电网）下控制效果受到影响； 频率、电压产生静态偏差；无功功率难以实现精确均分
阻性频率下垂控制	适用于阻性线路情况（低压微电网）	与传统大电网不兼容； 频率、电压产生静态偏差； 有功功率难以实现精确均分
阻感性频率下垂控制	适用于复杂阻感线路情况	与传统大电网不兼容； 有功功率和无功功率难以实现精确均分，容易造成并联分布式电源间的环流； 较难确定下垂控制增益

续表

下垂方法	优　势	不　足
功角下垂控制	频率无静态偏差； 直接控制可实现并、离网平滑切换和环流抑制	较难确定功角初始值；需要统一的功角参考
基于虚拟阻抗的下垂控制	适应于各种线路情况（阻性、感性和阻感性混合）；实现有功功率和无功功率的解耦；缓解并联分布式电源间的环流；补偿分布式电源输出电压的不平衡	频率、电压产生静态偏差；非线性负载下，可能引起分布式电源输出电压畸变，不利于电能质量
基于自适应下垂系数的下垂控制	改善系统动态响应性能；改善无功功率均分情况；抑制逆变器间的无功环流	不能实现并联分布式电源间的精确无功功率分配； 自适应参数调节较难调节

（四）虚拟同步发电机控制

分布式电源主要通过并网逆变器接入电网，由于逆变装置缺乏惯性和阻尼，无法为电力系统稳定运行提供惯量支撑，电力系统容易受到功率波动和系统故障的影响。随着分布式能源在电网中的渗透率不断提高，上述问题日益严峻。采用VSG 控制策略的分布式电源能够主动地参与电力系统的有功调频、无功调压以及阻尼功率振荡的过程中，为解决分布式电源高渗透率下电力系统的稳定性问题提供了全新的思路。

1. VSG 的控制原理

VSG 控制策略主要应用于含储能元件的分布式电源并网逆变器，其基本思想是通过分布式电源模拟同步发电机的输出外特性来提高电力系统的稳定性。一般来说，VSG 主要由储能元件、逆变装置以及 VSG 控制器组成，典型 VSG 控制框图如图 3-15 所示。

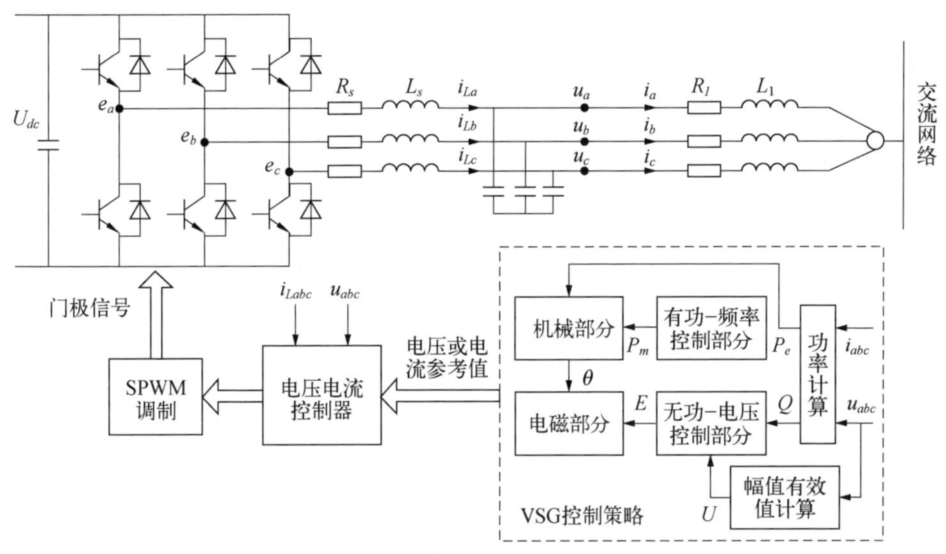

图 3-15　典型 VSG 控制框图

VSG 控制策略主要模拟了同步发电机的机械特性以及电磁特性，并在其有功–频率控制环节与无功–电压控制环节中分别模拟了同步发电机调速器与励磁调节器的功能，下面从机械与电磁部分两方面对 VSG 本体进行建模，并设计有功–频率控制部分与无功–电压控制部分以实现 VSG 的频率与电压调节功能。

（1）机械部分与有功–频率控制部分。VSG 的机械部分主要模拟了同步发电机转子运动方程的阻尼和惯量特性，其实现方式如下：

$$\begin{cases} T_m - T_e - D_p(\omega - \omega_0) = J\dfrac{\mathrm{d}\omega}{\mathrm{d}t} \\ \dfrac{\mathrm{d}\theta}{\mathrm{d}t} = \omega \end{cases} \tag{3-28}$$

式中，T_m 为机械转矩；T_e 为电磁转矩；D_p 为阻尼系数，可模拟同步发电机阻尼振荡的能力；ω 为机械角速度；ω_0 为额定角速度；J 为转动惯量，使 VSG 的频率动态响应过程中具备惯性；θ 为转子角度。将上式的转矩用功率表示为：

$$\begin{cases} T_m = \dfrac{P_m}{\omega} \\ T_e = \dfrac{P_e}{\omega} \end{cases} \tag{3-29}$$

式中，P_m 为机械功率；P_e 为电磁功率。

为了实现微电网中并列运行的 VSG 之间有功负荷按其容量分配，有功–频率控制器一般采用下垂控制形式：

$$P_m = P_0 + m_\omega(\omega_0 - \omega) \tag{3-30}$$

式中，m_ω 为有功角频率下垂系数。综合式（3-28）、式（3-29）与式（3-30），得到 VSG 有功–频率控制部分与机械部分控制框图，如图 3-16 所示。

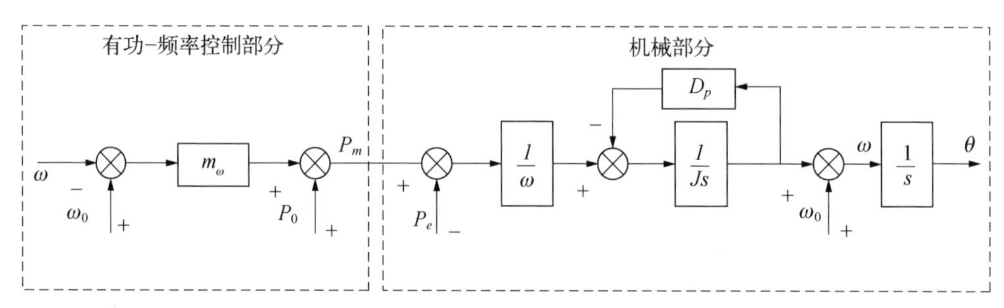

图 3-16　典型的 VSG 有功–频率控制部分与机械部分控制框图

（2）电磁部分与无功电压控制部分。VSG 的电磁部分主要模拟同步发电机定子电路的电压电流关系，其具体实现方式如下：

$$e = u + R_s i_L + L_s \frac{\mathrm{d}i_L}{\mathrm{d}t} \tag{3-31}$$

式中，$e=[e_a,\ e_b,\ e_c]$ 为三相定子感应电动势，$u=[u_a,\ u_b,\ u_c]$ 为电机端口三相电压；$i_L=[i_{La},\ i_{Lb},\ i_{Lc}]$ 为三相定子电流；R_s 与 L_s 分别为定子电阻与电感值。

为了模拟同步发电机的励磁调压功能，实现孤岛微电网中并列运行的 VSG 之间无功负荷按容量分配，无功–电压调压器采用以下的控制形式：

$$k_i \frac{\mathrm{d}E}{\mathrm{d}t} = Q_0 + n_u(U_0 - U) - Q \tag{3-32}$$

式中，k_i 为积分系数；E 为感应电动势幅值；n_u 为无功电压下垂系数。同样地，VSG 无功–电压控制部分与电磁部分控制框图如图 3-17 所示。

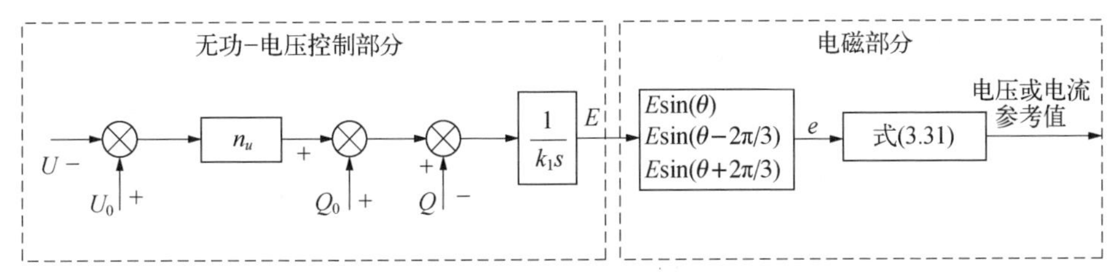

图 3-17　典型的 VSG 无功−电压控制部分与电磁部分控制框图

2. VSG 技术实现方案

根据是否能够在孤岛运行模式下提供电压和频率支撑，VSG 可分为电流型 VSG 与电压型 VSG，其中典型的电流型 VSG 包括最早由鲁汶大学提出的 CVSG（current-controlVSG）与由德国克劳斯塔尔工业大学提出的电流型 VISMA 方案。由于电压型 VSG 相比于电流型 VSG 在孤岛运行模式下具有明显的优势，多种电压型 VSG 被相继提出，主要包括德国克劳斯塔尔工业大学的电压型 VISMATAT、加拿大多伦多大学的 VC−VSC 方案以及英国利物浦大学的虚拟同步发电机与虚拟同步电动机等方案。

（1）CVSG 方案。CVSG 方案旨在通过模拟同步机的转子惯性及一次调频特性来改善系统的频率稳定性，其机械功率 P_m 由两部分组成，如式（3-33）所示：

$$\begin{cases} P_m = P_J + P_D \\ P_J = -J\omega_g \dfrac{\mathrm{d}\omega_g}{\mathrm{d}t} \\ P_D = -m_\omega(\omega_g - \omega_0) \end{cases} \tag{3-33}$$

式中，P_J 为 VSG 的虚拟惯量功率指令；P_D 为 VSG 通过下垂特性得到的虚拟一次调频功率指令；J 为转动惯量；ω_g 为电网角频率，可以通过锁相环得到。

CVSG 方案控制原理如图 3-18 所示，当系统负荷出现短时变化，导致电网角频率 ω_g 发生暂态波动时，VSG 通过 P_J 指令快速响应，向电网提供瞬时惯量功率支撑，所提供的瞬时惯量功率与电网频率的变化速率 $\mathrm{d}\omega_g / \mathrm{d}t$ 有关：当电网角频率 ω_g 上升时，P_J 为负值，VSG 减少输出至电网的有功功率或者从电网吸收有功功率并将电能存储于储能单元中；当电网角频率 ω_g 降低时，P_J 为正值，VSG 增加输出至电网的有功功率；当电网角频率 ω_g 稳定之后，P_J 为 0。当系统出力与负荷不平衡，电网角频率 ω_g 发生稳态偏差时，VSG 通过 P_D 指令提供所需的频率偏差调节功率。但 CVSG 方案采用的是输出电流直接控制，其不具备在孤岛运行模式下为电网提供电压支撑的能力。

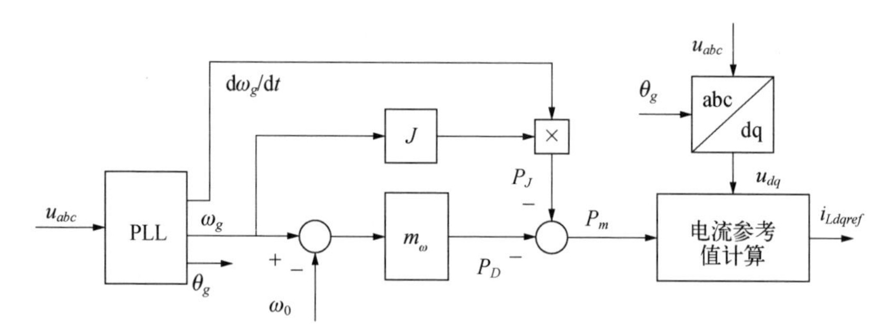

图 3-18 CVSG 方案控制原理

（2）VISMA 方案。CVSG 方案根据电网频率的变化快慢与偏移程度向电网提供惯量功率支撑与一次调频功能，其控制效果在较大程度上依赖电网频率的检测精度，且并未考虑同步发电机的阻尼特性与定子电气特性。VISMA 方案模拟了同步发电机的转子运动方程和定子电气方程，根据定子电气方程中的伏安特性可以得到定子电流的参考值或者电机端口电压的参考值，最后通过控制逆变器输出电流或者输出电压以实现对同步发电机外特性的模拟。

其转子运动方程为：

$$T_m - T_e = J\frac{\mathrm{d}\omega}{\mathrm{d}t} + k_d f(s)\frac{\mathrm{d}\omega}{\mathrm{d}t} \tag{3-34}$$

式中，k_d 为机械阻尼系数；$f(s)$ 为相位补偿项。

其定子电气方程如式（3-31），根据定子电气方程的不同实现方式分为电流型 VISMA 方案和电压型 VISMA 方案。其中电流型 VISMA 方案是根据式（3-31）得到其三相定子电流参考值 $i_{Lref} = \left[i_{Laref}, i_{Lbref}, i_{Lcref}\right]$：

$$i_{Lref} = \frac{1}{L_s}\int (e - u - i_{Lref}R_s)\mathrm{d}t \tag{3-35}$$

其控制原理如图 3-19（a）所示。由于该方案本质上也是对输出电流的控制，因此也不能在孤岛模式下运行。

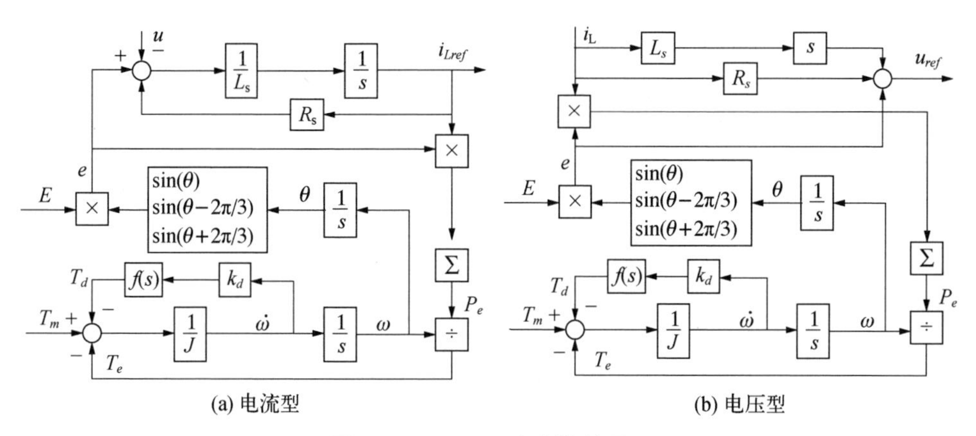

(a) 电流型　　(b) 电压型

图 3-19　VISMA 方案控制原理

而电压型 VISMA 方案则是根据式（3-31）得到电机端口三相电压参考值 $u_{ref} = \left[u_{aref}, u_{bref}, u_{cref}\right]$：

$$u_{ref} = e - R_s i_L - L_s\frac{\mathrm{d}i_L}{\mathrm{d}t} \tag{3-36}$$

该方案控制原理如图 3-19（b）所示。该方案是对逆变器输出电压的控制，能够在并网和孤岛两种模式下运行。

（3）VC–VSC 方案。CVSG 方案与 VISMA 方案均只考虑了 VSG 有功功率与频率的控制，并未考虑 VSG 无功功率与电压的控制。VC–VSC 方案则同时包括有功频率控制环节与无功电压控制环节，其中频率控制环节中加入了转子运动方程以模拟同步发电机转子的转动惯量以及阻尼特性，其有功频率控制环节如式（3-37）所示。

$$\begin{cases} P_m - P_0 = m_\omega(\omega_0 - \omega_g) \\ J\omega_0 \dfrac{\mathrm{d}\omega}{\mathrm{d}t} = P_m - P_e - D_p(\omega - \omega_g) \\ \dfrac{\mathrm{d}\theta}{\mathrm{d}t} = \omega \end{cases} \tag{3-37}$$

VC–VSC 方案的无功电压控制环节主要用于产生感应电动势幅值 E，包括 E_1 和 E_2 两个电压调节分量，具体如式（3-38）所示。

$$\begin{cases} E = E_1 + E_2 \\ E_1 = U_0 - \dfrac{Q}{n_u} \\ E_2 = \dfrac{(Q_0 - Q)}{k_{iQ}s} \end{cases} \tag{3-38}$$

式中，k_{iQ} 为积分增益。

VC–VSC 方案控制原理如图 3-20 所示。该方案的有功频率控制环节特征相比于其他电压型 VSG 方案，其阻尼环节的输入频率为电网角频率 ω_g，当 VSG 并网稳定运行时其机械角速度 ω 与 ω_g 相等，此时阻尼项为 0，这意味着阻尼项只影响其频率动态特性，不会影响其稳态输出有功功率，其稳态输出有功功率由有功频率下垂环节决定。采用该控制方案的 VSG 能够在孤岛模式和并网模式下运行，在孤岛模式下，其惯量与阻尼输出特性改善了分布式电源对系统电压、频率的支撑能力，同时在下垂控制的作用下实现并列运行分布式电源之间有功功率和无功功率的均分；在并网模式下，由于有功功率以及无功功率采用积分控制，逆变器将输出给定的有功功率和无功功率。值得注意的是，该方案通过频率控制环节与电压控制环节得到逆变器的输出电压参考值，再结合常规逆变器的电压电流双环控制以实现对 VSG 输出电压的稳定控制，因此在并网状态或孤岛状态运行时 VSG 均处于电压源控制模式，提高了微电网系统的电压稳定性。

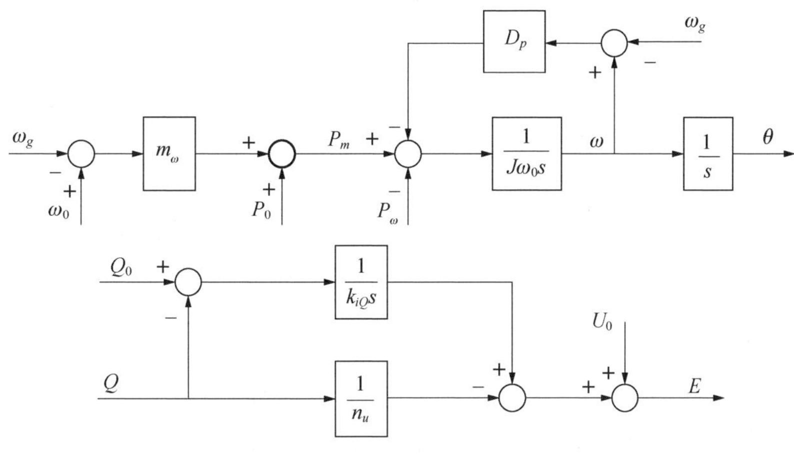

图 3-20 VC–VSC 方案控制原理

（4）同步变流器方案。在同步变流器方案中，为了更加精确地模拟同步发电机的运行机制，不仅在控制环节中加入了同步发电机的转子运动方程，也加入了模拟同步发电机机电耦合特性的环节，充分考虑了同步发电机的机电与电磁暂态特性，增强了虚拟定子与转子的耦合度，该方案根据同步发电机的物理模型和数学模型得到：

$$\begin{cases} e = \omega M_f i_f \left[\sin\theta,\ \sin\left(\theta - 2\pi/3\right),\ \sin\left(\theta + 2\pi/3\right)\right] \\ Q = \omega M_f i_f \left[i_{La}\cos\theta + i_{Lb}\cos\left(\theta - 2\pi/3\right) + i_{Lc}\cos\left(\theta + 2\pi/3\right)\right] \\ T_e = M_f i_f \left[i_{La}\sin\theta + i_{La}\sin\left(\theta - 2\pi/3\right) + i_{Lc}\sin\left(\theta + 2\pi/3\right)\right] \end{cases} \tag{3-39}$$

式中，M_f 为励磁绕组与定子绕组间的互感；i_f 为励磁电流。

同步变流器方案不仅考虑将电源侧并网逆变器以 VSG 控制策略进行控制，同时考虑将 VSG 控制策略应用于负荷侧并网整流器的控制，使电源和负荷都具备与同步机组相同的运行机制，参与电网的运行和管理，在电网、电源或负荷发生扰动时，通过电源与负荷的双向自主调节，提高系统抵御外部扰动的能力，同步变流器方案的原理如图 3-21 所示。

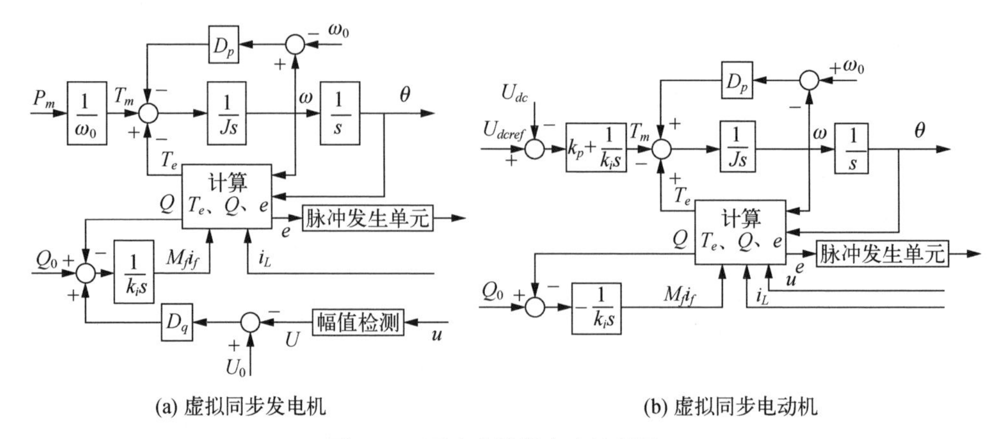

图 3-21 同步变流器方案控制原理

图 3-21 中同步变流器方案包括虚拟同步发电机与虚拟同步电动机，虚拟同步发电机根据式（3-39）计算出电磁转矩 T_e 与无功功率 Q，通过阻尼系数 D_p 同时实现一次调频与阻尼的功能，通过转子运动方程实现对同步电机转子转动惯量的模拟，为了实现无功电压下垂控制，将电网电压幅值额定值 U_0 与电网电压幅值 U 的差值乘以系数 D_q 加到无功额定值 Q_0 上；为了模拟同步电机机电与电磁暂态特性，将磁链 $M_f i_f$ 与机械角速度 ω 相乘并结合转子角度 θ 得到定子感应电动势 e。相比于虚拟同步发电机，虚拟同步电动机模拟了同步电动机的运行机制，其电流方向发生了变化，体现为图 3-21（b）中机械转矩 T_m 、电磁转矩 T_e 与无功控制器输入变为负号，此外，虚拟同步电动机的机械转矩 T_m 通过直流侧电压控制器得到，而无功参考值 Q_0 则用于对负荷功率因数进行调节。

同步变流器方案能够实现同步电机转子运动以及电磁暂态过程的精确模拟，由于其采用的是电压开环控制，其交流侧电压易受到电网负载的影响，当电网中接入不平衡或者非线性负载时，其交流侧电压将出现不平衡或者谐波分量。

三、微电网运行模式平滑切换

微电网通过静态开关 PCC 连接至大电网，一般情况下开关闭合，微电网并网运行，大电网向系统内分布式电源提供电压频率和幅值参考，而微电网向大电网传输或吸收功率，共同维系负荷功率平衡。当大电网出现故障时，静态开关断开，微电网通过分布式电源、储能系统和可调负荷的协同控制实现孤岛运行。若微电网在两种运行状态间直接切换势必会引起瞬间冲击，从而导致电压和频率振荡，这主要是由控制结构切换、控制环路参考值切换和相角获取方式切换 3 个方面引起的。下面分别针对采用主从控制和对等控制的微电网运行模式切换可能导致系统振荡的原因，介绍实现微电网运行模式平滑切换的控制策略。

（一）基于主从控制的微电网运行模式平滑切换

基于主从控制的微电网的系统结构如图 3-1 所示，当微电网处于并网状态时，所有逆变器采用恒功率控制方式。控制过程如式（3-7）~式（3-9）所示，当系统中主电源检测到电网故障时，静态开关断开，微电网转入独立运行模式，主电源逆变器采用恒压/恒频控制方式，控制过程如式（3-11）所示，从电源仍然采用恒功率控制。因此，基于主从控制的微电网运行模式平滑切换的关键在于主电源逆变器能否克服两种控制模式切换过程所带来的扰动，即恒功率与恒压/恒频控制器切换的扰动、电流内环给定值切换的扰动和相位参考值切换的扰动。

目前，已有的控制策略包括电流内环滞环控制策略、基于虚拟阻抗压降的电压电流双环控制策略等，这里着重介绍基于动态开关切换的微电网运行模式平滑切换控制算法，其原理为在恒功率控制和恒压/恒频控制两种控制方式切换过程中通过动态开关的操作，保证控制回路中电流参考值不发生突变，从而实现微电网平滑切换。

1. 并网运行状态切换至孤岛运行状态

当微电网从并网状态切换至孤岛状态运行时，主控单元逆变器需要从恒功率控制方式切换至恒压/恒频控制方式。微电网在切换瞬间内部功率出现不匹配，需要主控单元承担瞬时不平衡功率，其逆变器输出状态会产生较大变化。由于控制器包含积分环节，在切换过程中输出状态的跳变会对控制器的性能产生不利影响，造成较大的暂态振荡，可能会造成母线电压超过限值，触发保护装置动作。为了避免控制环路参考值跳变可能引起的系统状态振荡，对并网转孤岛模式的控制结构进行了改进，如图 3-22 所示。通过对动态开关进行灵活的控制，实现控制器输出状态跟随，避免控制环路参考值跳变可能引起的系统状态振荡。

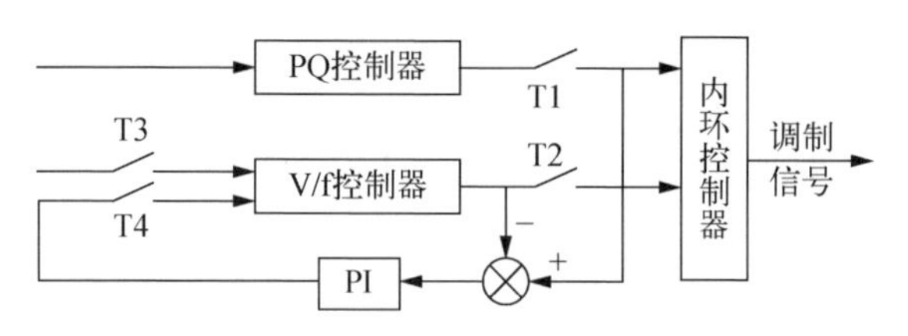

图 3-22　V/f 控制器输出状态跟随控制框图

主从控制模式下微电网运行状态平滑切换的原理如下：微电网并网运行时，PCC 闭合，T1、T4 闭合，T2、T3 断开，外环为定功率控制，主电源工作在恒功率模式之下。同时，V/f 控制器在调节器的作用下跟随 PQ 控制器的输出。微电网并网转孤岛模式运行时，PCC 断开，T2、T3 闭合，T1、T4 断开，外环为定电压控制，由于 V/f 控制器的输出一直跟随 PQ 控制器变化，所以切换瞬间，电流内环参考值不变，其输出状态不会发生突变，实现了电压参考调制信号幅值的平滑过渡。

此外，为了保证控制系统相位参考信号的平滑过渡，将并网至离网运行状态切换瞬间的相位，作为初相位自激生成孤岛微电网的相位参考。如图 3-23 所示给出了微电网参考相位生成模块，其由电网相位提取模块、相位预同步模块和相位切换模块组成。电网相位提取模块采用锁相环提取电网侧三相电压的相角，微电网并网运行时，相位选择开关保持在“1”，即 $\theta_{inv}=\theta_g$，微电网逆变器定向参考相位与电网侧一致；当微电网由并网模式转换至孤岛模式时，相位选择开关切换至“2”，Z^{-1} 代表上一时刻采样值，此时逆变器定向参考相位以切换前时刻相位为基础，ω_{inv} 本地角频率自激生成。

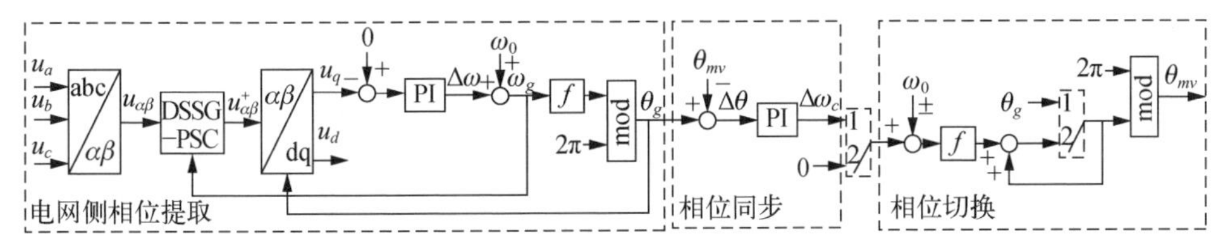

图 3-23　微电网参考相位生成模式

2. 孤岛运行状态切换至并网运行状态

大电网消除故障后，微电网需要重新并网运行，PCC 连接前应首先保证两侧的电压幅值、相位和频率偏差减小至允许范围内，以减小切换后电流的冲击，称之为预同步操作。电网侧电压幅值、相位及频率偏差，和上文提到的主控 DG 电压参考调制信号幅值、定向参考相位及频率相对应。由于主控 DG 在孤岛模式下采用 V/f 控制，微电网电压幅值理论上维持在额定值，忽略微电网线路上的阻抗压降，PCC 两端的电压幅值基本一致；微电网侧频率也为额定值。因此，微电网孤岛转并网运行模式平滑切换的难点在于主控 DG 定向参考相位的平滑切换。图 3-23 中相位预同步模块的目标是消除 PCC 两侧的相位差，使逆变器定向相位跟随电网侧相位。具体步骤：首先通过电网相位提取模块获取电网侧相角 θ_g，将 θ_g 与主逆变器相角 θ_{inv} 经过 PI 比较，得到频率补偿量 $\Delta\omega_c$，选择开关切换至“2”，因此主逆变器以 $\omega_{inv}+\Delta\omega_c$ 为本地频率跟随电网侧相位，直到 PCC 两侧相位达到阈值，预同步完成。为了避免该相位预同步方法中微电网与电网侧相位误同步的可能性，需要维持两侧相角重合状态一段时间，当满足设定时间时，可以进行 PCC 并网操作。

（二）基于对等控制的微电网运行模式平滑切换

分布式电源输出接口结构如图 3-24 所示。电网电流 i_g 取决于 PCC 是否断开以及其他分布式电源的出力，负载侧电流 i_L 由等效输出阻抗 Z_L 决定，即负载功率波动，两者组成输出电流 i_o。由于对象的小惯性，i_o 作为外部扰动对母线电压产生快速的瞬态影响。

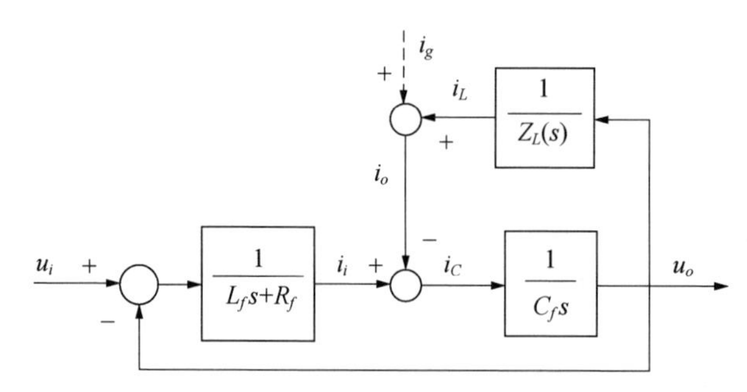

图 3-24 分布式电源输出接口结构

由上述分析可知，在任何运行模式下，系统都受到源自控制环路切换引起的内部扰动和源自供需不平衡的外部扰动的影响，只是在模式切换过程中，两者叠加扰动冲击更大。基于扰动观测器的对等控制模式下微电网运行模式平滑切换控制策略，具有以下特点：

（1）保证固定的逆变器控制结构，避免环路切换带来的扰动；

（2）基于扰动观测器的模型逆控制可主动抑制外部扰动，并具有理想的动态跟随特性。

1. 基于扰动观测器的控制策略

内模控制（internal model control，IMC）是一种基于过程模型的先进控制算法，如图 3-25 所示为内模控制结构，其中 $G(s)$ 为实际被控对象；$G_n(s)$ 为被控对象标称模型；$G_{IMC}(s)$ 为内模控制器；$G_d(s)$ 为反馈控制器；r 为参考输入；u 为控制量；d 为外部扰动；y 为被控量。

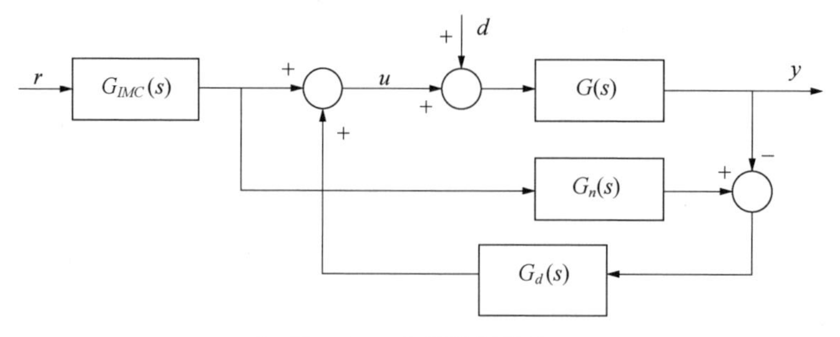

图 3-25 内模控制结构

系统输出 $y(s)$ 的传递函数为

$$\begin{cases} y(s)=\varphi_R(s)r(s)+\varphi_D(s)d(s) \\ \varphi_R(s)=\dfrac{G(s)G_{IMC}(s)\left[q+G_d(s)G_n(s)\right]}{1+G_d(s)G(s)} \\ \varphi_D(s)=\dfrac{G(s)}{1+G_d(s)G(s)} \end{cases} \tag{3-46}$$

由式（3-46）可知，当 $G_n(s)=G(s)$， $\varphi_R(s)=G_n(s)G_{IMC}(s)$。假设 $G_n(s)$ 为最小相位系统，令 $\varphi_R(s)=1$，则取 $G_{IMC}(s)=G_n^{-1}(s)f(s)$； $f(s)=1/\left(\lambda s+1\right)^r$ 表示能够使模型逆成为可实现形式的低通滤波器，其中 r 为不低于模型相对阶，λ 为滤波时间常数，通过调节 λ 使 IMC 获得最佳控制性能。因此，基于 IMC 的控制器设计能够保证对参考输入的单位跟踪，具有理想的开环特性；但扰动仍通过反馈作用抑制，而较大的反馈系数容易对系统稳定性产生影响。

扰动观测器（disturbance observer，DOB）实时估计出扰动并前馈补偿至输入端，从而主动抑制扰动影响，其控制结构图如图 3-26 所示。其中虚线框部分为 DOB，提供了扰动估计值 $\hat{d}$ 作用于被控对象输入信号 c；$Q(s)$ 为低通滤波器，其阶次不低于 $G_n(s)$ 的相对阶。

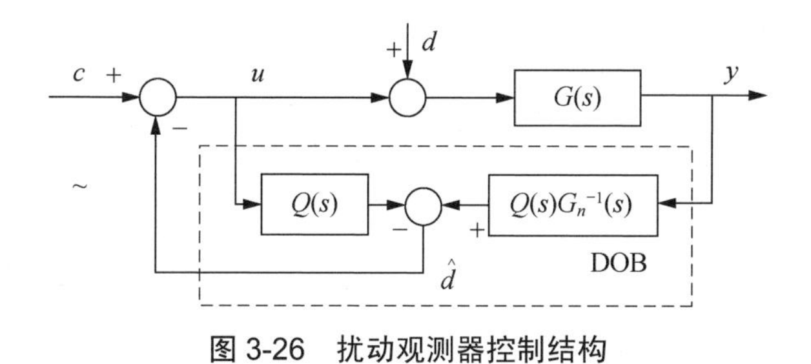

图 3-26 扰动观测器控制结构

假如 $Q(s)=1$，则可推导出

$$\hat{d}(s)=\left[G(s)^{-1}-G_n(s)^{-1}\right]y(s)+d(s) \tag{3-47}$$

由式（3-47）可以得到，DOB 提供的扰动估计值可完全补偿模型摄动和外部

扰动。系统输出为

$$\begin{cases} y(s) = \varphi_{cy}(s)c(s) + \phi_{dy}(s)d(s) \\ \phi_{cy}(s) = \dfrac{G(s)G_n(s)}{G_n(s) + \left[G(s) - G_n(s)\right]Q(s)} \\ \phi_{dy}(s) = \dfrac{G(s)G_n(s)\left[1 - Q(s)\right]}{G_n(s) + \left[G(s) - G_n(s)\right]Q(s)} \end{cases} \tag{3-48}$$

式中，在中低频段$Q(s)=1$时，$\phi_{dy}(s)=0$，说明 DOB 对各种扰动具有完全抑制的能力；$y(s)=G_n(s)c(s)$，表明通过 DOB 可以使被控对象标称化，从而提高对模型参数摄动的鲁棒性。在高频段$Q(s)=0$时，$\phi_{cy}(s)=\phi_{dy}(s)=G(s)$，此时 DOB 控制性能消失，系统成为常规反馈控制系统。扰动观测器的性能主要取决于$Q(s)=1/(T_f s+1)^r$，应设计T_f使$Q(s)$在重要频段的增益尽可能为 1，减少扰动对系统动态性能的影响。

综上所述，IMC 关注跟踪性能，没有针对抗扰设计，而且依赖于对象模型；而 DOB 可以完全抵消外部扰动和模型摄动。因此可以利用两者优点，形成一种新型的控制策略，其结构如图 3-27 所示。

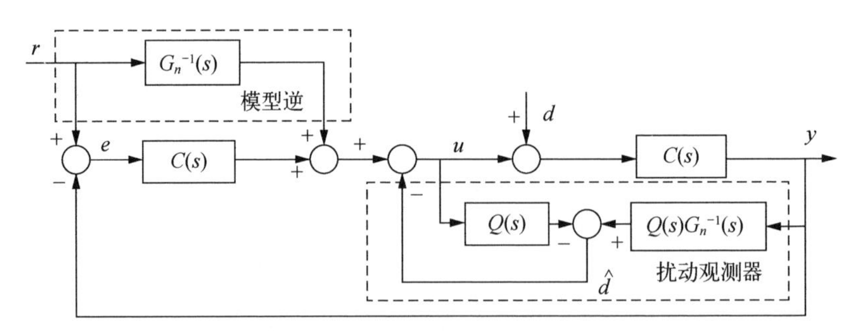

图 3-27 基于扰动观测器的新型控制结构

在图 3-27 中，模型逆结构是对 IMC 结构进行改造得到的，与 IMC 一致，侧重于控制系统的跟踪性能，被控对象在 DOB 作用下标称化为$G_n(s)$。因此，系统同时具有理想的跟踪性能和抗扰性能。实际控制系统设计如下：首先将 DOB 置于开环状态，调试T_f使估计扰动值能够准确地跟踪实际扰动，再调试滤波参数使模型逆部分达到良好的跟踪效果。

2. 微电网平滑切换控制策略

针对上述微电网运行控制中存在的问题，下面从下垂控制、幅值相角预同步以及基于扰动观测器的逆变器双环控制器进行阐述。

（1）下垂控制。为避免控制环路切换，采用下垂控制产生逆变器电压参考值u_o^{ref}和频率参考值ω_{inv}，原理如下所示：

$$u_o^{ref}=u_n-n_Q(Q-Q_n) \tag{3-49}$$

$$\omega_{inv}=\omega_n-m_P(P-P_n) \tag{3-50}$$

式中，电压标称值u_n和频率标称值ω_n的取值需与电网额定值保持一致。对式（3-49）和式（3-50）进行改进，如图3-28所示为电压环路和频率环路的具体控制框图。

在该控制策略下，微电网运行模式切换的流程为：①系统并网运行时，终端电压u_o和频率ω_{inv}受大电网钳制，可通过设置有功功率P_n、无功功率Q_n实现对分布式电源的能量管理。②当大电网出现故障但PCC未完全断开时，u_o受大电网影响与u_n产生偏差，此时通过调整输出无功功率补偿电压偏差。③进入孤岛模式后，逆变器不改变控制结构，仍在下垂控制模式下工作，承担系统的电压/频率支撑和功率平衡。因此，系统无须控制策略切换，即使出现孤岛检测和PCC开断延时，控制环路的参考值也可以无冲击地由并网运行状态切换至孤岛运行状态。

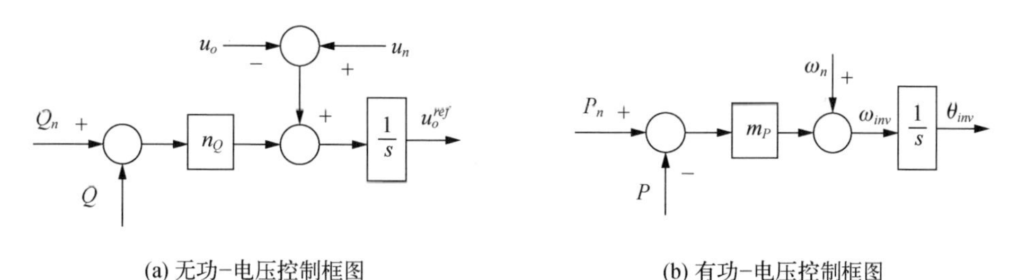

(a) 无功−电压控制框图　　(b) 有功−电压控制框图

图3-28　下垂控制结构

（2）幅值相角预同步。电网故障消除后，逆变器从孤岛运行状态转换至并网运行状态。但由于下垂控制是有差控制，微电网侧的电压幅值、频率和相位可能与电网侧产生偏差，并网前需要进行预同步，使偏差减小至允许的范围内，避免并网操作对控制系统产生瞬时冲击。如图3-29所示描述了微电网电压幅值和频率、相位预同步控制框图。

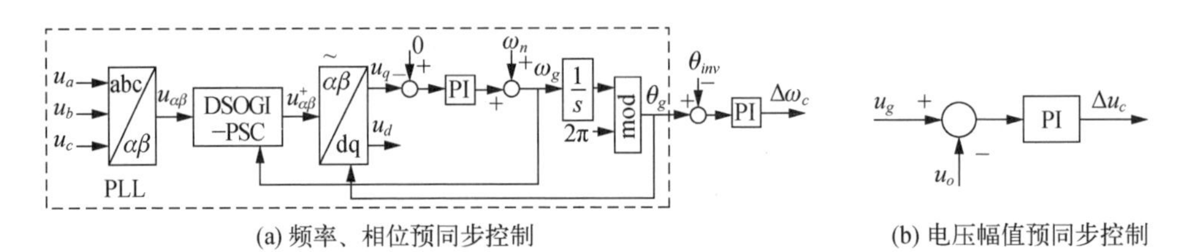

(a) 频率、相位预同步控制　　(b) 电压幅值预同步控制

图3-29　微电网预同步控制框图

图3-29（a）为频率、相位预同步控制策略，与基于主从控制的微电网运行模式切换的相位预同步类似。图3-29（b）为电压幅值预同步控制策略，逆变器输出电压u_o与电网侧额定电压u_g的误差经过PI控制器得到电压补偿量Δu_c，直至u_o趋近于u_g，电压预同步过程完成。对等控制模式中分布式电源输出电压由于下垂特性，会与额定值有一定的偏差，这是基于对等控制的微电网预同步过程与基于主从控制的微电网预同步过程的最大差异。

（3）基于扰动观测器的逆变器双环控制器。如图3-30所示为基于扰动观测器（DOB）的电压电流双环控制器的结构框图。图中，为了提高内环响应速度，电流控制器选择了比例控制器k_i，系统误差由电压PI控制器$k_{pu}+k_{iu}/s$消除。由于电流环给定值i_i^{ref}由电压控制器产生，可以将i_i^{ref}到u_o作为广义被控对象$G(s)$；分别设计DOB和模型逆结构，见式（3-51）~式（3-53）。

$$\frac{u_o}{i_i^*}=G(s)=\frac{k_i k_{pwm}}{L_f C_f s^2+(R_f+k_i k_{pwm})C_f s+1} \tag{3-51}$$

$$f(s)G_n(s)^{-1}=\frac{L_f^n C_f^n s^2+(R_f^n+k_i k_{pwm})C_f^n s+1}{k_i k_{pwm}(\lambda s+1)^2} \tag{3-52}$$

$$Q(s)G_n(s)^{-1}=\frac{L_f^n C_f^n s^2+(R_f^n+k_i k_{pwm})C_f^n s+1}{k_i k_{pwm}(T_f s+1)^2} \tag{3-53}$$

式中，L_f、C_f 和 R_f 分别为逆变器的滤波器电感、电容和等效串联电阻；k_{pwm} 为逆变器放大系数，等于直流母线电压与三角载波幅值之比；上标“n”代表相应参数标称值。

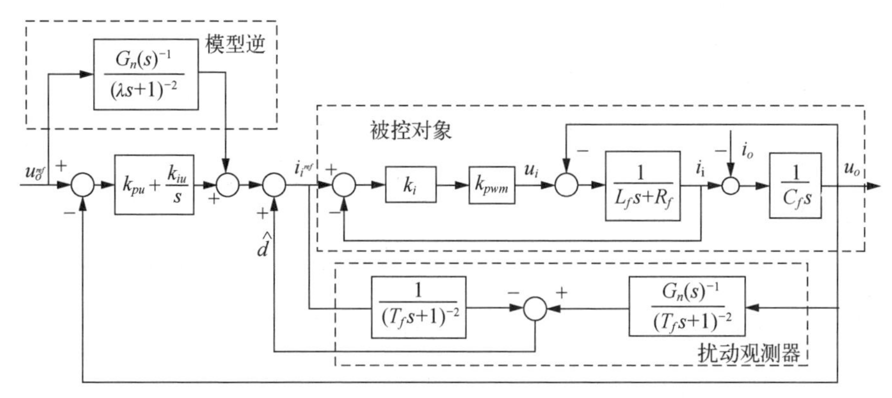

图 3-30　基于 DOB 的电压电流双环控制器结构框图

综合以上环节，主逆变器详细控制框图如图 3-31 所示。

3. 动态性能和鲁棒性分析

根据以上分析，基于扰动观测器的双环控制器的输入输出传递函数及扰动传递函数为

$$\frac{u_o}{u_o^{ref}}=\frac{G_{vc}(s)G(s)G_n(s)+f(s)G_n(s)^{-1}G(s)}{Q(s)\left[G(s)-G_n(s)\right]+G_n(s)\left[1+G_{vc}(s)G(s)\right]} \tag{3-54}$$

$$\frac{u_o}{i_o}=\frac{G(s)G_n(s)(1-Q(s))}{Q(s)\left[G(s)-G_n(s)\right]+G_n(s)\left[1+G_{vc}(s)G(s)\right]} \tag{3-55}$$

式中，$G_{vc}(s)$ 为主电压 PI 控制器。如图 3-32 所示描述了该控制策略下系统的跟踪性能和抗扰性能的频率响应曲线，将其与在同一组控制参数下的常规 PI 控制器结果进行对比。

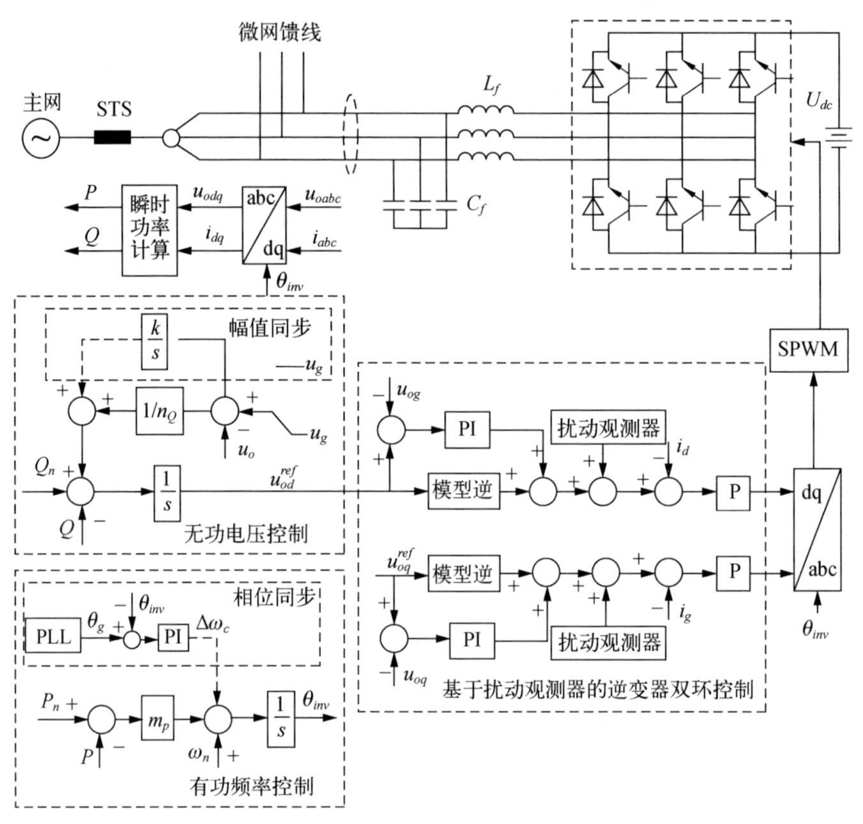

图 3-31 主逆变器详细控制框图

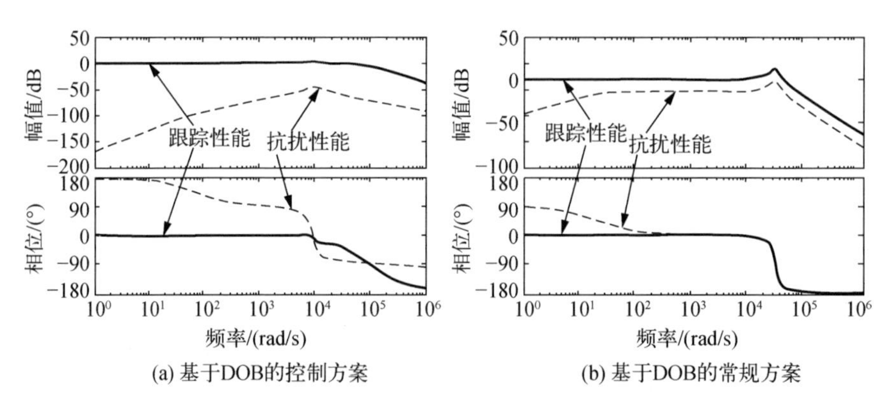

图 3-32 跟踪及扰动传递函数 Bode

由图 3-32 可知，在同一组控制器参数下，基于扰动观测器的控制方案的跟踪性能较常规方案具有更大的带宽、更小的相位滞后，这是由于增加的模型逆结构作为前馈环路，将系统增益单位化。同时，本方案体现了较明显的扰动抑制优势，扰动传递函数的幅值所有频段均保持在 – 50 dB 以下，尤其在所关注的中低频段，可以认为扰动基本衰减为零。相比于常规方案中，扰动依靠 PI 反馈作用抑制具有滞后性；本方案以 DOB 策略提前预估并主动补偿扰动，具有一定的超前性。此外，本节所介绍方法的输出阻抗在更宽频段内呈感性，在高频段主要呈阻性，这样可以在更大范围内满足下垂特性要求，并能较好地抑制谐波。

由于测量误差和运行条件变化，系统通常存在未建模动态。被控对象实际模型可以用标称模型的乘性不确定性描述，即

$$G(s)=\left[1+W(s)\Delta(s)\right]G_n(s)\,,\quad \|\Delta\|_\infty \leqslant 1 \tag{3-56}$$

式中，$W(s)$ 为添加到标称对象 $G_n(s)$ 上的乘性摄动；Δ 为不确定结构。根据小增益定理，系统鲁棒稳定的充要条件为

$$\left\| W(s)\frac{G_{vc}(s)G_n(s)}{1+G_{vc}(s)G_n(s)} \right\|_\infty \leqslant 1 \tag{3-57}$$

式（3-57）可进一步转化为

$$|W(s)| \leqslant \left| 1+\frac{1}{q+G_{vc}(s)G_n(s)} \right| \tag{3-58}$$

分别将基于 DOB 的控制方案和常规方案的参数代入式（3-58）的右侧，进行鲁棒稳定性比较，在相同不确定性的情况下，右侧幅值相对较大的控制系统具有较强的鲁棒稳定性。图 3-32 给出了两者的鲁棒稳定性对比曲线。由图 3-32 可知，在中低频段，基于扰动观测器的双环控制系统幅值较常规双环控制幅值更大，对应更强的鲁棒稳定性。这是由于添加的 DOB 结构能同时估计外扰及模型不确定性，将实际对象标称化，从而抑制过程参数的摄动。在高频段，由于低通滤波器的功能随着频率增大而逐渐失效，两种控制策略的鲁棒稳定性趋同，仿真结果与理论分析一致。

第二节 微电网分层控制结构

一、微电网分层控制结构

微电网分层控制是指根据欧盟电力传输协会（UCTE）定义的大电网分级控制标准，将系统结构分为若干功能层，每一层对应不同的控制目标及时间尺度。将微电网的运行控制分为三层，上一控制层监管下一控制层，向其提供参考指令，并对应较大的控制周期，如图 3-33 所示为该三层控制架构。

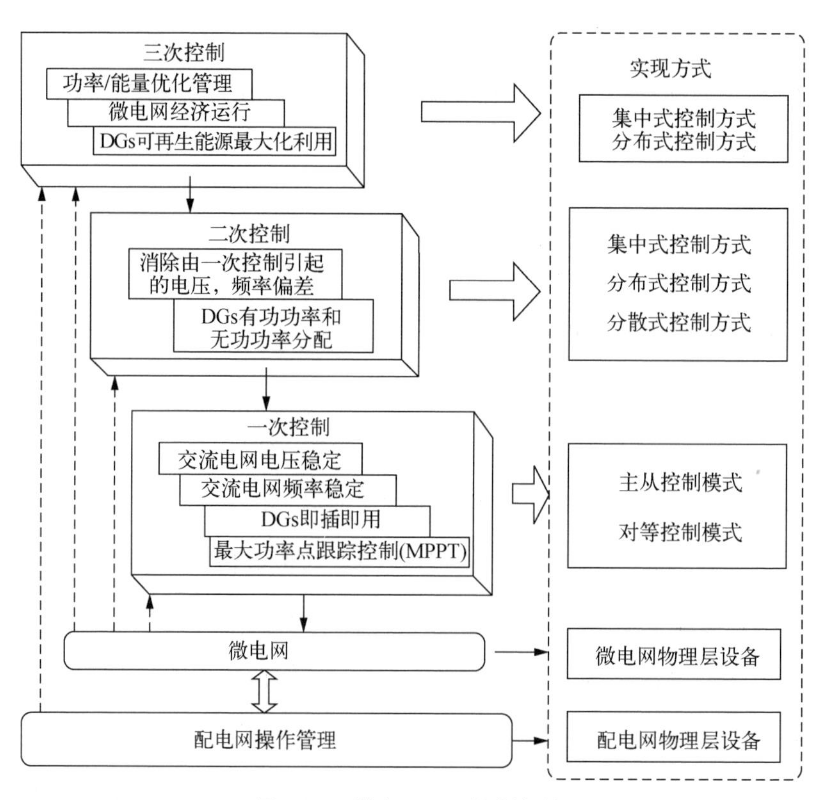

图 3-33 微电网三层控制架构

（1）一次控制层（Primary Control）：主要功能是维持系统电压、频率的稳定以及供需功率平衡。根据微电网中各分布式电源的作用，该层控制模式可分为主从控制模式和对等控制模式。在主从控制模式中，基于恒压/恒频控制的主控分布式电源向微电网提供电压和频率参考，具有较高的功率吞吐容量及较快的功率消纳速度；其他分布式电源作为从电源采用定功率控制向系统传输功率，不参与调节系统电压和频率。基于下垂控制的对等控制模式中，微电网通过下垂系数实现外界功率变化在各分布式电源之间的合理分配，从而满足负荷变化需求以及对电压和频率的支撑作用。两种微电网控制模式都是根据系统接入点信息自动实现系统稳定以及功率调节，不需要依赖通信，称为微电网本地控制（Microgrid local Controller，MGLC）。

（2）二次控制层（Secondary Control）：主从控制模式的一次控制中，由于快速支撑系统电压和频率稳定的储能装置等主控单元的容量有限，不可能长时间一直处于充电或放电状态，在系统达到新的稳定平衡点后，储能装置将自身消纳的功率基于可调度分布式电源的容量合理地转接给采用 PQ 控制的从电源，从而使储能装置的功率输出为零并进入浮充模式，保证其在紧急状态下具有足够的备用容量。对于没有加速控制和旋转惯性的分布式电源逆变器，一次控制和二次控制可以通过具有不同时间尺度的储能装置实现。而在对等控制模式的一次控制过程中，采用下垂控制的分布式电源基于下垂特性分配功率，共同维持系统电压及频率稳定。由于是对等控制，负荷变化导致系统的电压、频率与额定值会产生一定的偏差；而逆变器自身参数与连接线路的不同进一步引起分布式电源功率的不合理分配，可能导致环流产生甚至功率倒吸，对微电网系统的稳定运行造成影响。因而，二次控制的主要功能是实现孤立微电网有功功率和无功功率在分布式电源间的合理分配，消除由一次控制引起的电压和频率偏差，提高微电网运行的稳定性、经济性和可靠性。

（3）三次控制层（Tertiary Control）：即微电网能量管理层，主要负责根据市场和调度的需求制订运行计划，实时管理微电网和大电网的运行模式，以及多微电网的协调控制，实现方式可分为集中式控制和分布式控制。在集中式控制方式下，中央控制器采集配电网及微电网的电压、频率及功率信息，根据配电网侧的运行情况实现多运行模式切换；根据能量管理策略，协调多微电网的功率输出，并将求解的参考指令发送至二次控制层，实现可再生能源的最大化利用以及微电网经济运行。而在分布式控制方式下，本地控制器通过与相邻控制器信息交互进行类全局信息共享，最终实现与集中式控制方式类似的系统协同优化。

在微电网分层控制架构中，各控制层对应不同的时间尺度，一次控制层的电压外环和电流内环、二次控制层、三次控制层采用的控制带宽分别为 5 kHz、20 kHz、30 Hz 和 3 Hz。在这一控制方案中，微电网能量管理层根据市场需求输出功率和负荷变化需求；中间层负责优化微电网运行，通过电压频率调节和功率分配，提升分布式电源利用率及电能质量，上一控制层通过控制模式产生参考指令并下发至下一控制层，直至本地控制层 MGLC 调节底层分布式电源的稳态设置点和进行负荷管理，层层递进，形成较为系统、完整的控制框架。

二、微电网二次控制

微电网二次控制的主要目标为维持系统频率、电压在额定参考值以及实现有功功率和无功功率在各分布式电源间的合理分配。在主从控制模式中，具有快速功率吞吐能力的主控单元（一般为储能装置）采用恒压/恒频控制提供系统电压频率额定参考值，即

$$\begin{cases} U_1 = U_2 = \cdots = U_n = U_{ref} \\ f_1 = f_2 = \cdots = f_n = f_{ref} \end{cases} \tag{3-59}$$

为应对负荷功率变化和并、离网运行模式切换，主控单元释放或吸收的有功

功率和无功功率 P_{total}、Q_{total} 在可调度分布式电源间基于功率容量采用定功率控制进行功率分配：

$$\begin{cases} P_1 + P_2 + \cdots + P_n = P_{total} \\ Q_1 + Q_2 + \cdots + Q_n = Q_{total} \end{cases} \tag{3-60}$$

式中，P_1，P_2，…，P_n 表示各可调度分布式电源输出的有功功率；Q_1，Q_2，…，Q_n 表示各可调度分布式电源输出的无功功率。由此主控单元最终输出功率为零并进入浮充状态，维持微电网电压频率稳定。

相比于主从控制模式，对等控制模式由于无须通信联络就可以自主实现负荷功率分配，从而受到越来越多的关注，成为微电网二次控制相关内容的焦点。微源下垂特性可表示为如下形式：

$$\begin{cases} \omega_i = \omega_{ni} - m_{Pi} P_i \\ U_i = U_{ni} - n_{Qi} Q_i \end{cases} \tag{3-61}$$

式中，ω_i、U_i 为第 i 个 DG 的输出角频率和端电压；ω_{ni}、U_{ni} 为分布式电源的额定角频率和额定输出电压；m_{Pi}、n_{Qi} 代表下垂控制的频率下垂系数和电压下垂系数；P_i 和 Q_i 为 DG_i 输出的有功功率和无功功率。

下垂控制本质是有差控制，需要引入二次控制提高系统运行性能。下面接下来侧重于对对等模式下的二次频率控制和二次电压控制的控制目标进行分析。如图 3-34 所示描述了微电网主从控制和对等控制的二次控制结构。

（一）微电网二次频率控制

在有功/频率下垂控制中，由于有功功率缺额导致微电网频率偏离额定参考值，二次频率控制的主要目的是使各分布式电源按容量分配共同承担系统有功功率缺额，即通过有功功率均分实现微电网系统频率恢复至额定值的控制目标。由于下垂控制中各分布式电源下垂系数通常取为额定容量的反比，满足 $m_{p1}P_1 = m_{p2}P_2 = \cdots =$

$m_{pn}P_n$。此外，考虑到微电网中频率是系统全局变量，二次控制中频率恢复和有功功率均分具有统一性，如图 3-35 所示。

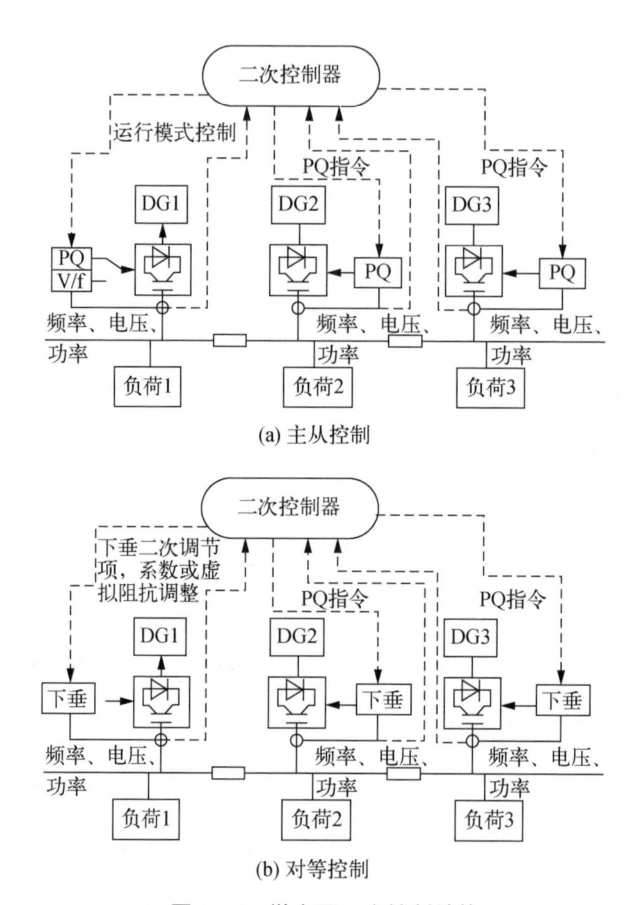

图 3-34 微电网二次控制结构

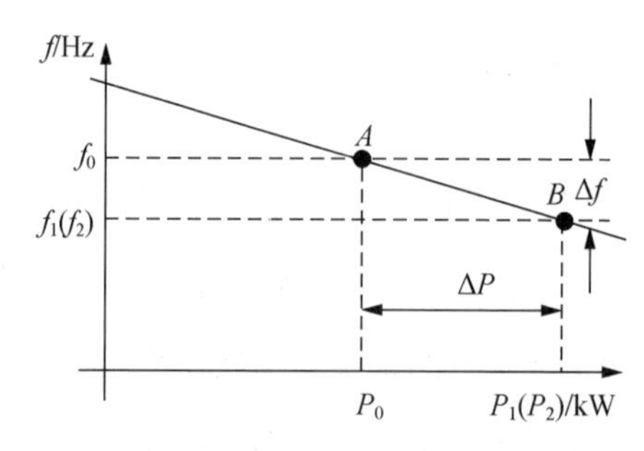

图 3-35 微电网二次频率控制原理

下面以集中式控制结构为例，介绍微电网二次频率控制的原理，过程实现框图如图 3-36 所示。

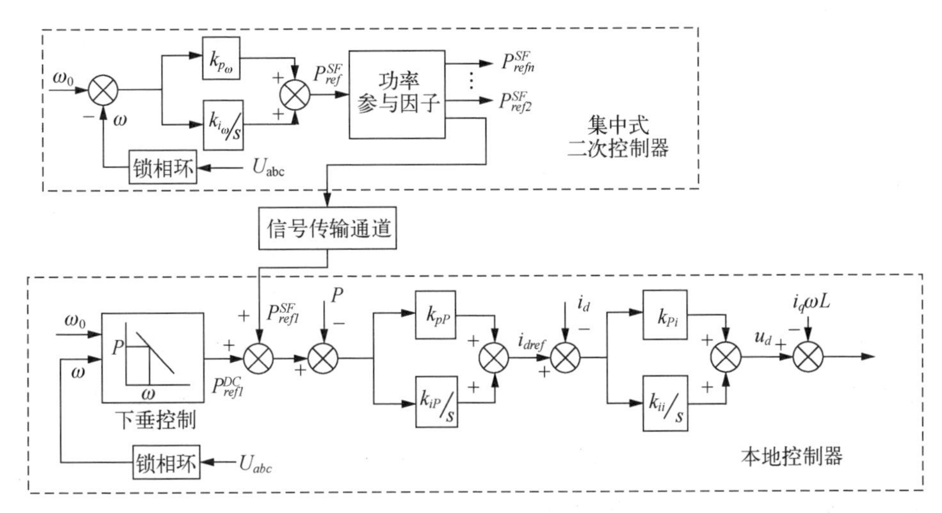

图 3-36 微电网二次频率控制原理

通过对系统某一点处电压采用锁相环（phase-locked loop，PLL），得到微电网系统频率值：

$$\omega=\left(k_{pPLL}+\frac{k_{iPLL}}{s}\right)U_{qi}+\omega_0 \tag{3-62}$$

式中，U_{qi} 为电压 U_{abc}，即通过派克变换后的 q 轴电压；k_{pPLL} 和 k_{iPLL} 表示 PLL 控制器的比例项和积分项系数。ω 在二次控制器中与额定值 ω_0 比较，并经过 PI 控制器产生有功功率缺额指令 P_{ref}^{SF}；将 P_{ref}^{SF} 基于各分布式电源的功率参与因子分配为 P_{ref1}^{SF}、P_{ref2}^{SF}、…，P_{refn}^{SF}，其计算过程如式（3-63）所示：

$$P_{refi}^{SF}=\alpha_i\left(k_{p\omega}+\frac{k_{I\omega}}{s}\right)(\omega-\omega_0) \tag{3-63}$$

式中，α_i 表示第 i 个分布式电源的功率参与因子；P_{refi}^{SF} 为对应的功率缺额指令；$k_{p\omega}$ 和 $k_{i\omega}$ 代表二次控制器的 PI 控制系数。

将式（3-63）所求得的 P_{refi}^{SF} 传输至分布式电源本地控制器作为功率二次调节

指令，过程如下：

$$\begin{cases} i_{drefi} = \left(k_{pp} + \dfrac{k_{iP}}{s}\right)(P_{refi}^{SF} + P_{refi}^{DC} - P_i) \\ i_{qrefi} = \left(k_{pp} + \dfrac{k_{iP}}{s}\right)(Q_{refi} - Q_i) \end{cases} \tag{3-64}$$

$$\begin{cases} u_{di} = \left(k_{pi} + \dfrac{k_{ii}}{s}\right)(i_{drefi} - i_{di}) \\ u_{qi} = \left(k_{pi} + \dfrac{k_{ii}}{s}\right)(i_{drefi} - i_{qi}) \end{cases} \tag{3-65}$$

式中，k_{pp}、k_{iP}、k_{pi} 和 k_{ii} 为功率控制器、电流控制器的 PI 控制系数；i_{drefi} 和 i_{qrefi} 表示内环电流控制器参考信号在 d 轴和 q 轴的分量；i_{di} 和 i_{qi} 分别为输出电流在 d 轴和 q 轴的分量；u_{di} 和 u_{qi} 分别为端电压在 d 轴和 q 轴的分量；P_{refi}^{DC} 为本地下垂控制的功率指令，由下式计算得到：

$$P_{refi}^{DC} = m_{Pi}(\omega - \omega_0) \tag{3-66}$$

上述二次频率控制过程是将计算的有功功率缺额基于制定的功率参与因子分配至各分布式电源作为功率补偿量，共同承担功率缺额，从而使系统频率恢复至额定值。考虑到微电网中频率是系统全局变量，由式（3-61）可知，分布式电源输出有功功率与频率下垂系数成反比，即 $m_{p1}P_1 = m_{p2}P_2 = \cdots = m_{pn}P_n$，因此可通过引入式（3-67）中的二次频率调节项 $\delta\omega_i$，以分散式控制结构实现频率恢复和有功功率均分的控制目标：

$$\begin{cases} \omega_i = \omega_{ni} - m_{Pi}P_i + \delta\omega_i \\ \delta\omega_i = \left(k_{pf} + \dfrac{k_{if}}{s}\right)(\omega_{ref} - \omega_i) \end{cases} \tag{3-67}$$

式中，$\delta\omega_i$ 表示二次频率调节项；k_{pf} 和 k_{if} 分别为二次频率控制器的比例积分系数。由于 P/f 下垂特性中频率调节和功率均分的统一性，也可通过本地分散控制实现频率二次调节的控制目标。

（二）微电网二次电压控制

在无功/电压下垂特性中，系统无功功率缺额导致系统电压偏离额定值，需引入二次电压控制，具体控制目标包括分布式电源输出电压恢复和无功功率均分。与二次频率控制中频率恢复与有功功率均分的统一性不同，针对同一母线上的分布式电源，影响无功功率均分的因素包括逆变器输出阻抗、线路阻抗、下垂控制参数和本地负载等，线路的功率特性和逆变器的控制特性为：

$$\begin{cases} U = U_b + \dfrac{Z}{U_b} Q_i \\ U_i = U_{ni} - n_{Qi} Q_i \end{cases} \tag{3-68}$$

由于各个逆变器参数以及输出阻抗、线路阻抗存在差异，因而分布式电源端电压调节至额定参考值与实现无功功率精确均分两个控制目标间存在矛盾性，其原理如图 3-37 所示。

微电网由两个逆变器参数一致但输出线路阻抗不一致的分布式电源（DG1 和 DG2）并联组成。图 3-37 描述了应用二次电压控制调节逆变器端电压前后的特性曲线，首先在下垂控制作用下，DG1 和 DG2 对应的输出电压和无功功率分别为 U_1 和 U_2、Q_1 和 Q_2，其中 $U_1 \neq U_2 < U_{ref}$，$Q_1 \neq Q_2$，这是由连接线路阻抗不一致引起的。如图 3-37（a）所示，引入二次电压控制后，分布式电源电压恢复至额定值 U_{ref}，输出无功功率变为 $Q_1' < Q_1$，$Q_2' > Q_2$，功率不均分情况更严重。图 3-37（b）所示为应用二次电压控制实现无功功率精确均分前后的特性曲线，在下垂作用下 DG1 和 DG2 输出电压偏离额定值且无功功率不能均分，当引入二次电压控制实现无功功率精确均分，即 $Q_1 = Q_2 = Q''$ 时，输出电压 $U_1'' > U_{ref}$，$U_w'' < U_{ref}$。当逆变器参数不一致时，上述现象更明显。这是由于与频率这一全局变量不同，电压是本地变量，只要逆变器参数或输出阻抗不一致，各分布式电源电压恢复与无功功率精确均分无法同时实现。下面从输出电压控制与无功功率均分两个方面分别对微电源二次电压控制策略进行介绍。

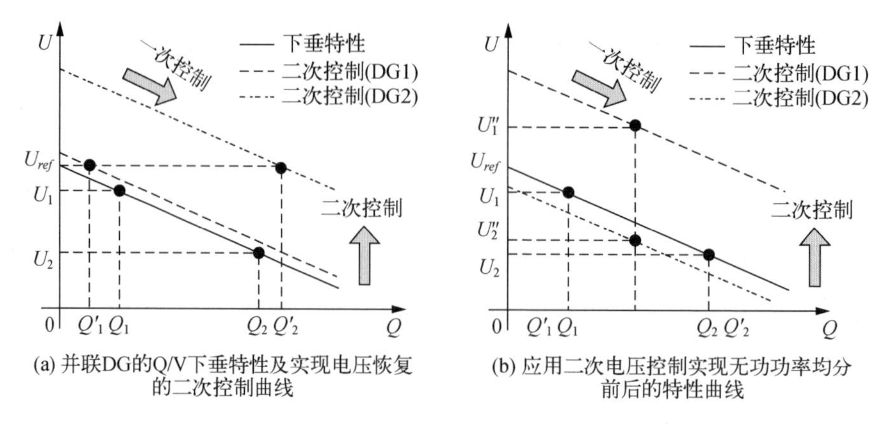

(a) 并联DG的Q/V下垂特性及实现电压恢复的二次控制曲线

(b) 应用二次电压控制实现无功功率均分前后的特性曲线

图 3-37 逆变器端电压调节与无功功率精确均分矛盾性说明

1. 分布式电源输出电压恢复

由于微电网无功功率可通过负载和传输线路的电容进行调节，这里首先考虑分布式电源输出电压调节过程，控制策略由下式给出：

$$\begin{cases} U_i = U_{ni} - n_{Qi}Qi + u_i \\ u_i = \left(k_{pU} + \dfrac{k_{iU}}{s}\right)(U_{ref} - U_i) \end{cases} \tag{3-69}$$

式中，u_i 表示二次电压调节项；k_{pU} 和 k_{iU} 分别为二次电压控制器的比例、积分系数。各分布式电源二次电压控制器采集系统接入点电压，与额定参考值比较并经过 PI 控制器产生电压调节指令，作用于本地控制器，从而使输出电压恢复至额定参考值。

2. 分布式电源无功功率均分

由于逆变器参数或输出阻抗不一致导致的并联型分布式电源无功功率无法精确分配的问题，目前主要可以从调整二次电压控制项、调整电压下垂系数及调整虚拟阻抗 3 个方面进行讨论。对同一母线下无功功率的精确分配，由于存在公共母线电压这一共同量，其相对于不同母线下无功功率精确分配更容易实现。下面分别进行介绍。

（1）同一母线下的无功功率均分。

①相同容量（下垂系数）逆变器并联的无功功率均分。当多台参数相同的逆变器并联至同一交流母线时，线路阻抗和本地负载是影响无功功率均分的关键因素。为此，可以调整虚拟阻抗消除线路阻抗和本地负载的差异，实现无功功率精确均分。本地负载的等效示意图和虚拟阻抗调整方法如图 3-38 所示。

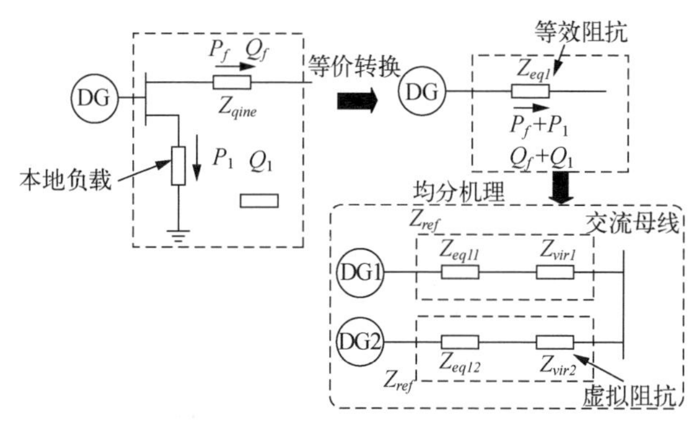

图 3-38　本地负载等效为线路阻抗示意图

在图 3-38 中，首先将本地负载等效到线路阻抗上计算等效线路阻抗，并由统一的线路阻抗计算分布式电源的虚拟阻抗，从而缓解逆变器输出阻抗的差异，实现无功功率均分。等效阻抗的计算方式如下：

$$\begin{cases} R_{edli} = \dfrac{P_i B_i + Q_i A_i}{P_i^2 + Q_i^2} \\ X_{edli} = \dfrac{P_i A_i + Q_i B_i}{P_i^2 + Q_i^2} \end{cases} \tag{3-70}$$

式中，P_i 为分布式电源本地负载与线路的有功功率之和；Q_i 为分布式电源本地负载与线路的无功功率之和；A_i 和 B_i 如下式所示：

$$\begin{cases} A_i = P_{fi} X_{linei} - Q_{fi} R_{linei} \\ B_i = P_{fi} R_{linei} + Q_{fi} X_{linei} \end{cases} \tag{3-71}$$

式中，P_{fi} 和 Q_{fi} 分别为线路的有功功率和无功功率；R_{linei} 和 X_{linei} 分别为线路电阻和阻抗。

该策略的关键在于将本地负载的影响等效到线路阻抗上，从而能够实现无通信情况下的功率均分。但本地负载的等效可能导致线路阻抗差异较大，统一线路阻抗的设置将受到很大的限制，可能引起较大的电压降落；同时，本地负载的波动也将使虚拟阻抗时刻变动，且所提方法仅适用于逆变器下垂参数相同的情况。

②不同容量逆变器并联的无功功率均分。当并联到同一母线下的逆变器容量、下垂参数、线路阻抗及本地负载均不相同时，可以通过调整下垂参数、虚拟阻抗、二次电压控制项补偿上述差异的影响，实现无功功率的精确分配。当各分布式电源无本地负载且有功功率确定时，由于线路阻抗不同，无法实现初始无功功率均分，当负载过重时可能存在部分分布式电源首先达到最大无功功率输出。因此，下垂参数中初始电压和下垂斜率的调整应使各分布式电源运行在初始无功点时，交流母线的电压处于标准值，而运行在最大无功出力点时，交流母线的电压处于额定的最小值，如图 3-39 所示。因此，为消除线路阻抗差异对功率均分的影响，分布式电源下垂曲线应由图中的实线调整为虚线。

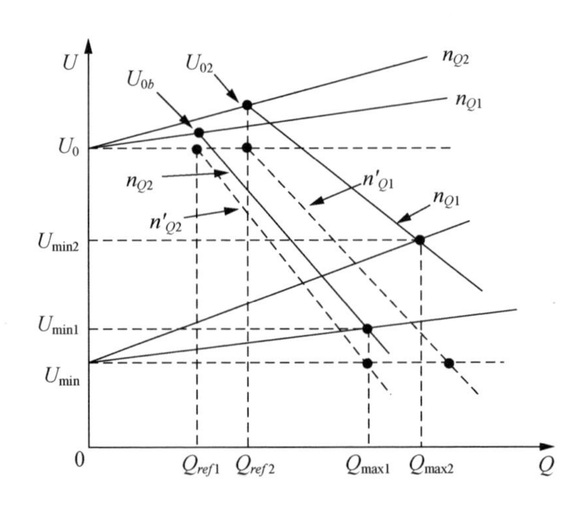

图 3-39 无本地负载时补偿线路阻抗对无功控制影响的示意图

由图 3-39 可知，可调节线路电压降和逆变器输出无功的斜率，补偿线路电压降的影响，修正初始无功输出时的初始电压和最大无功输出时的最小电压，实现无功功率的优化分配，如下式所示：

$$\begin{cases} U_{0i} = U_0 + n_{Qi} Q_{0i} \\ U_{\min i} = U_{\min} + n_{Qi} Q_{\max i} \end{cases} \tag{3-72}$$

两个并联分布式电源的稳态工作点如下式所示：

$$\begin{cases} U_0 + \Delta U_{01} - (n_{Q1} + \Delta n_{Q1})(Q_1 - Q_{01}) = U + n_{Q1} Q_1 \\ U_0 + \Delta U_{02} - (n_{Q2} + \Delta n_{Q2})(Q_w - Q_{0w}) = U + n_{Q2} Q_2 \end{cases} \tag{3-73}$$

为实现无功功率均分，二次电压调节项和下垂斜率调整如下式所示：

$$\begin{cases} \Delta n_{Q1} = -n_{Q1}, \quad \Delta U_{01} = -\Delta n_{Q1} Q_{01} \\ \Delta n_{Q2} = -n_{Q2}, \quad \Delta U_{02} = -\Delta n_{Q2} Q_{02} \end{cases} \tag{3-74}$$

根据下垂斜率设置的方式可知，式（3-73）与式（3-74）是等价的。

当存在本地负载时，无功功率均分控制曲线如图 3-40 所示，此时需根据本地负载情况和线路电压降对分布式电源按照式（3-75）调整下垂参数。

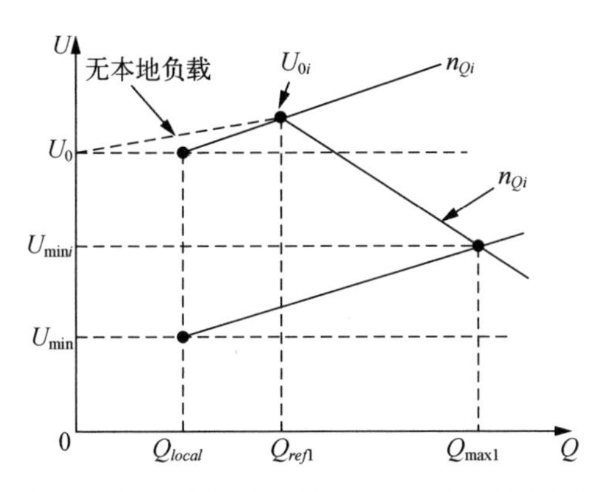

图 3-40　存在本地负载时改进无功功率控制示意图

$$\begin{cases} U_{0i} = U_0 + n_{Qi}\left(Q_{0i} - Q_{local\_i}\right) \\ U_{\min i} = U_{min} + n_{Qi}\left(Q_{\max i} - Q_{local\_i}\right) \end{cases} \tag{3-75}$$

同时，有功功率的差异引起的线路电压降也会影响无功功率的精确分配，可根据线路电压降对线路有功流的比例直接进行调整，如下式所示：

$$U_i = U_{0i} - n_{Qi}\left(Q_i - Q_{0i}\right) + m_{Pi}P_i \tag{3-76}$$

上述方法通过初始电压和下垂斜率的设计综合补偿了线路电压降、本地负载和有功功率流对无功功率均分的影响，其关键在于确定线路电压降对线路有功功率、无功功率的关系，线路电压降的精确度将直接影响系统无功功率均分的精度，当线路参数和本地负载改变时，需重新估计线路电压降与无功功率的对应关系。

（2）不同母线下的无功功率均分。当微电网中各分布式电源连接至不同电压母线，通常需要在一定的通信条件下获得各分布式电源的无功功率输出参考值，以实现负荷无功功率精确均分。下面介绍通过调节二次电压控制项、下垂系数、虚拟阻抗，以及势函数法和注入信号法实现无功功率均分，其工作原理在于调整各分布式电源输出电压，使系统达到新的电压平衡状态。

①调整二次电压控制项。调整下垂特性的二次电压控制项实现无功功率均分的原理如图 3-41 所示。

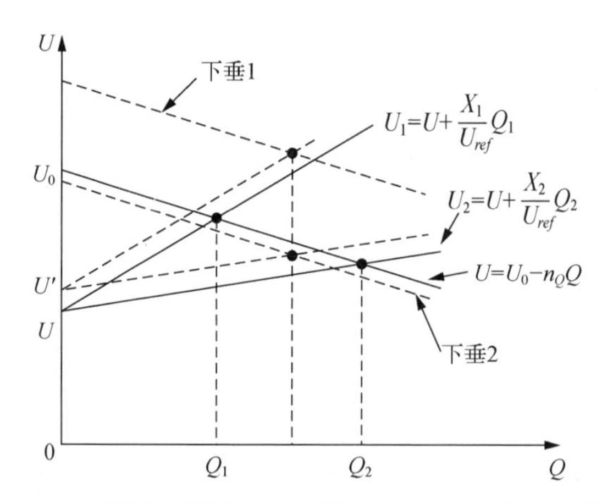

图 3-41 调整下垂控制二次电压实现无功功率均分示意图

根据网络供需功率平衡，孤立微电网的无功功率满足下式：

$$\begin{cases} Q_1 + Q_2 + \cdots + Q_n = Q_L \\ \dfrac{Q_1}{Q_{\max 1}} = \dfrac{Q2}{Q_{\max 2}} = \cdots = \dfrac{Q_n}{Q_{\max n}} \end{cases} \tag{3-77}$$

式中，Q_1，Q_2，…，Q_n 分别为 DG1，DG2，…，DGn 的瞬时无功功率；$Q_{\max 1}$，$Q_{\max 2}$，…，$Q_{\max n}$ 分别表示 DG1，DG2，…，DGn 的最大可输出无功功率，即无功功率容量；Q_L 表示负载无功功率。因此，实现无功功率均分的二次电压控制策略见式（3-78）：

$$\begin{cases} U_i = U_0 - n_{Qi} Q_i + u_i \\ u_i = \left(k_{pQ} + \dfrac{k_{iQ}}{s} \right) (Q_{refi} - Q_i) \\ Q_{refi} = Q_{\max i} \dfrac{Q_L}{\sum\limits_{j=1}^{n} Q_{\max j}} \end{cases} \tag{3-78}$$

式中，Q_{refi} 表示第 i 个分布式电源无功功率参考值；k_{pQ} 和 k_{iQ} 分别为二次电压控制器的比例和积分系数。将分布式电源输出无功功率与根据微源无功容量比例产生的无功功率参考信号作比较，产生误差经过 PI 控制器调节下垂特性曲线，从而实现无功功率精确均分的控制目标。

②调整下垂系数。调整下垂系数实现无功功率均分的原理如图 3-42 所示。

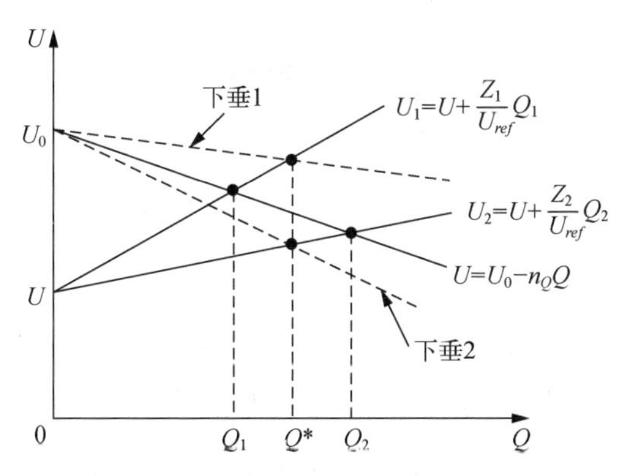

图 3-42　调整下垂系数实现无功功率均分示意图

此控制方法下，通过调整下垂系数实现各分布式电源输出电压的调整，进而实现无功功率精确分配，实现方法为

$$\begin{cases} n_{Qi} = n_{0Qi} + n_{Qi} \int (Q_{refi} - Q_i) \mathrm{d}t \\ U_i = U_{0i} - (Q_i - Q_{0i}) \end{cases} \tag{3-79}$$

调整下垂系数虽然能实现无功功率均分，但下垂系数一般与分布式电源容量成反比，而且过大的下垂系数容易对系统稳定性造成影响。

③调整虚拟阻抗。调整虚拟阻抗实现无功功率均分的原理如图 3-43 所示。

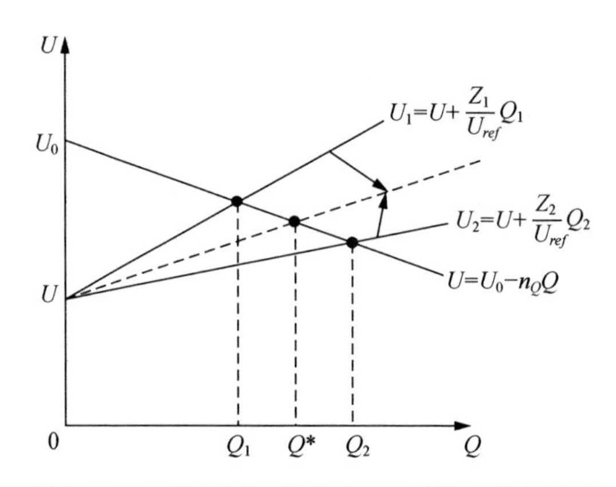

图 3-43 调整虚拟阻抗实现无功功率均分示意图

在实现方法上，调整虚拟阻抗实现无功功率均分的原理同式（3-79）实现无功功率均分的原理一致，可表示如下：

$$\begin{cases} Z_{vi} = Z_{0vi} + k_{iQ} \int (Q_{refi} - Q_i) \mathrm{d}t \\ U_i = U_{0i} - n_{Qi}(Q_i - Q_{0i}) \end{cases} \tag{3-80}$$

调整虚拟阻抗虽然也能实现无功功率均分，但虚拟阻抗的变化未必能保证有功功率和无功功率的充分解耦。

④势函数法和注入信号法。上述 3 种方法均以各分布式电源实际无功功率输出与无功功率参考值的偏差为基础，容易影响系统稳定，且调整过程中存在超调振荡问题。为此，通过构造势函数逐步调节分布式电源的空载输出电压，实现全局无功功率精确分配。空载输出电压的调整公式如下式所示：

$$U_{0i}^{k} = U_{0i}^{k-1} - K\Delta T \frac{\mathrm{d}\varphi_i}{\mathrm{d}U_{0i}} \tag{3-81}$$

式中，K 为可调系数；ΔT 为时间间隔；φ_i 为分布式电源的势函数，包含电压恢复控制与无功功率均分控制两个部分：

$$\varphi_i(U_{0i}) = K_E(U_{0i} - U_{ref})^2 + K_Q(n_{Qi}Q_i - n_{Qj}Q_j)^2 \tag{3-82}$$

式中，K_E 和 K_Q 均为可调系数。势函数法可以实现无功功率精确控制，具有良好的响应特性和稳态特性，并且不依赖于分布式电源的本地控制，但该方法对微电网的通信有较高的要求。此外，注入信号法无须系统通信，通过向系统中注入无功功率信息的非工频信号所产生的有功功率变化，调节逆变器电压幅值，实现各 DG 的无功均分。注入信号法的原理示意图如图 3-44 所示。

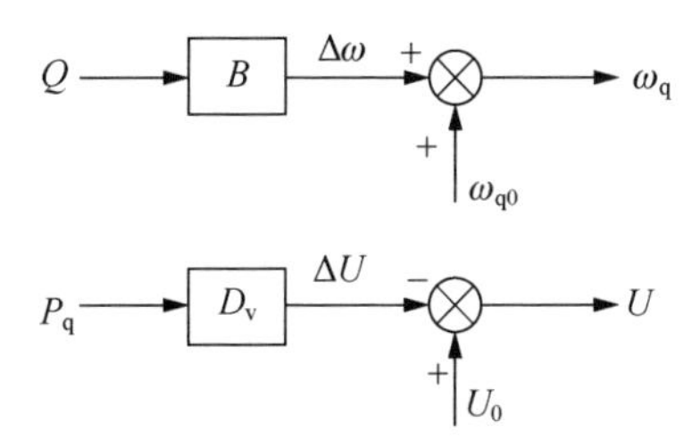

图 3-44　注入信号法原理示意图

在图 3-44 中，各分布式电源根据输出的无功功率按照下垂斜率确定注入信号的频率，之后利用 PLL 测量注入信号频率下的电流，计算注入信号引起的小有功功率，利用小有功功率根据电压下垂曲线计算基准频率下的电压参考值，并最终实现无功功率精确分配。注入信号法可以在无通信的情况下实现无功功率精确分配，降低通信的成本。但整体控制方案较为复杂，注入信号下的小有功功率变化不易测量，且注入的信号也会影响微电网的电能质量。

3. 分布式电源电压调节与无功功率均分

考虑到微电网二次电压控制的精确无功功率均分和电压调节间的矛盾性，将两个控制目标折中进行控制，提出如下具有可调参数项的控制策略：

$$\begin{cases} U_i = U_0 - n_{Qi} Q_i + u_i \\ k_i \dfrac{\mathrm{d}u_i}{\mathrm{d}t} = \beta_i (U_{ref} - U) - \gamma_i (Q_{refi} - Q_i) \\ Q_{refi} = Q_{\max i} \dfrac{Q_L}{\sum\limits_{j=1}^{n} Q_{\max j}} \end{cases} \tag{3-83}$$

式中，k_i 表示控制器增益；β_i 和 γ_i 分别表示控制目标中电压恢复和无功功率均分的参与因子；变量 Q_{refi}、$Q_{\max i}$ 和 Q_L 的意义同式（3-78）中一致。根据参与因子 β_i 和 γ_i 的不同，可以将控制过程分为 4 种情况：

情况一（$\beta_i = 0$，$\gamma_i \neq 0$）：由于 $\beta_i = 0$，导致式（3-83）中仅存在与无功功率均分有关的一项，而 u_i 的微分作用类似于通过上下平移下垂曲线使各分布式电源满足 $Q_{refi} = Q_i$，从而实现精确的无功功率均分。

情况二（$\beta_i \neq 0$，$\gamma_i = 0$）：由于 $\gamma_i = 0$，导致式（3-83）中仅存在与电压恢复有关的前一项，此时控制问题与分散式二次电压控制器式一致。微分作用使 u_i 趋于一常数，用以实现 $U_i = U_{ref}$。

情况三（$\beta_i \neq 0$，$\gamma_i \neq 0$）：通过 β_i 和 γ_i 的调节，实现分布式电源电压恢复和无功功率均分间的折中控制，效果介于情况一和情况二之间。

情况四（智能调节）：将连接电压敏感型负载的分布式电源 DGi 采用情况二的参数（$\beta_i \neq 0$，$\gamma_i = 0$）实现电压恢复至额定值，其余分布式电源 DGj（$j \neq i$）采用情况一的参数（$\beta_i = 0$，$\gamma_i \neq 0$）实现无功功率均分，从而使 DGj 形成围绕于 $U_i = U_{ref}$ 的电压簇聚。

（三）微电网二次控制方式

微电网二次控制策略根据各分布式电源信息交互的紧密程度，通常可分为集中式二次控制、分散式二次控制及分布式协同二次控制。

1. 集中式二次控制

由远程传感器模块采集各分布式电源、储能和负载的电压、电流、功率信号，在微电网中央控制器（Microgrid Central Control，MGCC）中将被控量与参考值进行比较计算，产生的控制指令下发至本地控制器执行。如图 3-45 所示为集中式二次控制的控制结构。由于集中式架构对微电网全局信息可观，可得到控制周期的全局优化计算与控制。然而，这一控制模式存在一些明显的缺陷：

（1）通信链路复杂，集中控制器或链路的故障会导致控制过程无法进行，可靠性较差；

（2）大量的通信计算数据，需要高性能的中央控制器和高带宽的通信网络，成本较高；

（3）新增分布式电源接入较为复杂，系统扩展性较差。

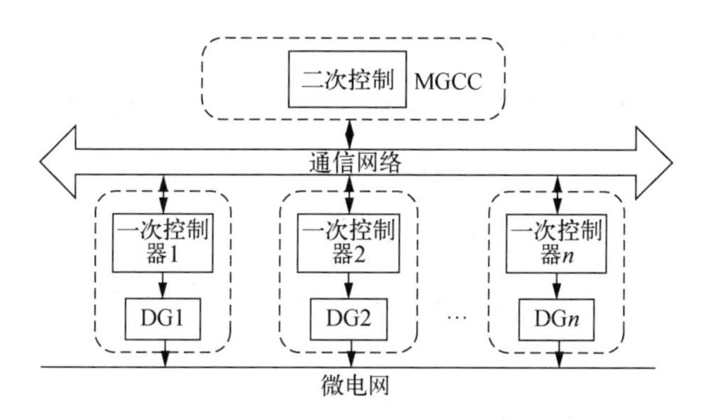

图 3-45　微电网集中式二次控制结构

2. 分散式二次控制

分散式二次控制是指通过设备接入系统点的就地信息，经本地决策产生控制指令，无须控制器的通信链路，目前仅实现于微电网对等控制模式中。如图 3-46 所示为分散式二次控制的结构。由于各分布式电源在控制上都具有同等的地位，无须通信环节，系统动态响应速度快，具有“即插即用”的功能，但由于并非根据全局有效信息而是本地信息进行控制运行，无法得到用以实现系统级控制目标的全局最优控制变量，甚至可能破坏微电网电压、频率的稳定性，造成系统的崩溃。

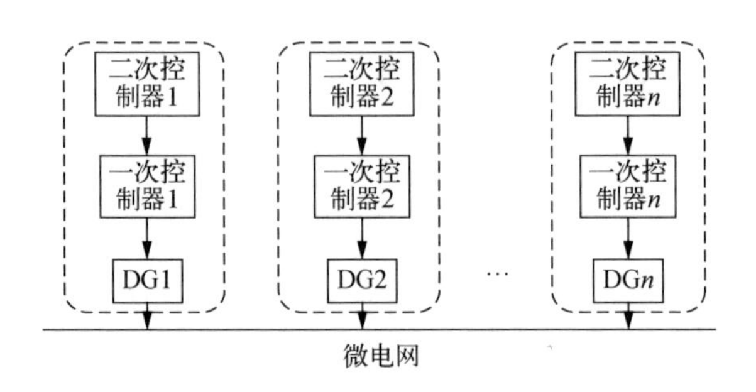

图 3-46 微电网分散式二次控制结构

3. 分布式协同二次控制

分布式协同二次控制在信息交互的紧密程度上介于集中式二次控制和分散式二次控制之间，通过与邻居节点间通信的方式实现对系统的协同优化与控制。如图 3-47 所示为分布式协同二次控制的结构图。分布式协同二次控制利用点对点的稀疏通信网络，在无中央控制器和复杂网络拓扑的情况下，各分布式电源信息“间接”地实现全局可观，从而最终得到系统最优控制决策。主要具有如下优势：

（1）由于无须中央控制器和复杂的通信网络，系统可靠性较强；

（2）在保证最终与集中式控制一致的全局最优决策下，满足微电网“即插即用”的功能需求，系统扩展性较好；

（3）全局优化目标可分散到各本地控制器中求解，降低了计算复杂度和运行成本。

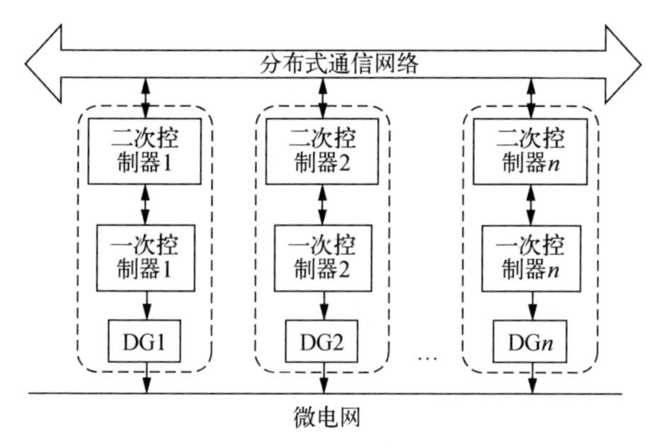

图 3-47　微电网分布式协同二次控制结构

根据微电网控制模式的不同，二次控制的控制策略有多种组合，目前较多的控制方式为主从–集中式控制、主从–分布式控制、对等–集中式控制、对等–分布式控制及对等–分散式控制等。随着微电网控制领域对多智能体系统和分布式控制的广泛关注，主从–分布式控制架构、对等–分布式控制架构成为研究焦点。在对等控制模式下，相对于微电网二次频率控制在分散式控制结构下也能够实现频率恢复和有功功率均分，微电网二次电压控制需要依赖信息通信交互，从而实现协同的电压恢复和无功功率均分，控制策略更为复杂。

三、微电网三次控制

微电网三次控制通过协调管理微电网与大电网或多微电网系统的有功功率、无功功率，实现微电网电压与频率的调整，又称为微电网能量管理。微电网能量管理通常包括经济调度、频率和电压控制、黑启动等功能。经济调度是指根据系统当前信息及预测数据，以电网经济效益和环保效益等为控制目标制订微电网的运行计划，主要包括设备运行参考功率、系统备用计划和设备检修计划等。频率和电压控制也称为有功功率和无功功率控制，是微电网通过实时调整分布式电源和储能等设备的输出功率来维持微电网的稳定优化运行。微电网的控制模式可分为主从控制和对等控制，基于此的逆变器控制策略包括 PQ 控制、V/f 控制和下垂控制。微电网能量管理系统通过经济调度、修正反馈以及协调控制，提供微电网设备运行的启停指令和功率指令，并不断根据实时信息进行功率修正，确保微电网运行的经济性、稳定性和可靠性。

微电网能量管理可由集中式控制和分布式控制两种方式实现。集中式控制通过微电网中央控制器汇集微电网中的所有信息进行统一的分析决策，制订微电网运行计划并下发至本地控制器，本地控制器接收中央控制器的控制指令并执行。在集中式控制方式下需要建立中央控制器与所有本地控制器之间的双向通信，以有效获取微电网的所有信息，在考虑微电网整体效益和运行安全约束情况下制定设备运行的功率参考曲线。由于集中式控制依赖中央控制器，导致系统可靠性差，需要考虑中央控制器故障的应急措施以及数据同步性问题。相对于集中式控制，分布式控制更关注信息交互壁垒下多主体的协调运行。分布式控制方式下所有设备都是对等的，通过本地控制器自主控制，而各单元的本地控制器只与相邻单元控制器进行信息交互，根据本地与相邻信息获得管理决策，提升微电网整体性能，同时分布式控制有利于实现设备的即插即用。

在实现方法上，微电网能量管理包括专家系统和实时优化。由于微电网结构复杂、控制手段及运行目标多样化，对微电网运行调度进行绝对优化或者近似优化的难度较大，而应用有限的运行策略集更容易实现设定的优化目标。因此，目前微电网示范工程多数采用基于有限运行策略集的控制方式，尽管这样的运行策略集不一定能够保证微电网运行效益的最大化，但可以将微电网运行状态控制在已有的经验范畴内，确保其运行的安全性和稳定性，这种基于运行策略集的控制方法称为专家系统。由于专家系统根据特定的微电网结构、控制方法及运行目标制定不同运行模式下的运行策略集，所以可扩展性和适用性较差。实时优化基于微电网和设备当前运行状态，考虑负载和设备随机特性，优化微电网的未来运行状态和设备运行功率参考值，并尽量降低与实际运行状态的偏差。实时优化为含多类型约束的数学优化问题，如线性规划、混合整数规划、非线性规划等形式。

事实上，专家系统在微电网示范工程及实验系统中应用较多，一方面因为现有微电网工程的主要目的是验证微电网的可行性；另一方面因为复杂的能量管理优化方法还有待进一步的验证，随着逐渐与实时优化相结合，通过专家策略确定系统运行模式，然后由局部优化问题替代原有的调度原则来提升微电网系统的经济效益。

随着微电网结构和组成越来越丰富，微电网的能量管理也更加复杂。可再生能源渗透率不断提高，使功率不确定性问题对微电网能量管理的影响越来越大。功率不确定性导致的误差会随着时间积累越来越大，使确定性优化结果失去意义，因此需对实时优化进行计划修正，并在微电网能量管理中使用机会约束规划、随机优化及鲁棒优化等不确定性的优化方法，同时结合实时修正或滚动优化，使调度计划能够满足各种不确定场景的需求。随着电力市场的不断开放与完善，需求侧管理在微电网能量管理中受到越来越多的关注。通过对需求侧潜在资源的调度优化，可有效调整微电网负荷的峰谷特性，提升可再生能源的消纳比例，减少电量转移和浪费，大大提高了微电网的经济效益。

第四章　微电网优化配置策略

微电网的优化配置是保障微电网系统可靠、安全、稳定运行的基础，也是微电网开发研究的关键技术内容。优化配置的核心就是将微电网统筹规划，根据当地可再生能源的实际情况、负荷类型、容量大小等约束条件，确定最佳的源–荷比例，满足系统正常供电需求。本章首先介绍微电网的优化控制方法，其次对微电网的优化控制关键技术进行详细的阐述。

第一节　独立型微电网优化配置

一、系统构成与优化原则

（一）独立型微电网构成与优化配置内容

1. 独立型微电网的构成

独立型微电网根据选址的气象特点，并结合负荷的实际需求，综合评估分布式能源情形，科学合理地进行规划设计。通常情况下，独立型微电网可分为以下几类。

（1）针对风能和太阳能较好的我国西部偏远地区或海上岛屿，可以构建风、光互补供电模式，在柴油获取较容易的地方可以构成风/光/柴/储微电网。

（2）针对天然气输送便利的旅游岛屿，可采用天然气代替柴油发电，尽可能地减少环境污染；同时可以采用热电联产的方式满足冷/热等不同用户需求。

（3）针对云贵、川藏等地水资源丰富的特点，可以构成光/柴/储/水等发电方式，重点发展小水电，充分利用当地资源，满足用户的供电需求。

2. 独立型微电网的配置内容

微电网优化配置主要包括网络结构优化、各类分布式发电单元选型与容量设定等。在网络结构与分布式电源种类基本确定的情况下，如何设计分布式电源容量也是其中的关键之一。另外，针对微电网内部负荷大小变化，燃料价格波动，外部电网影响，可再生能源的间歇性、季节性以及不可调度性等因素，微电网系统优化配置内容非常复杂。目前，实际工作中往往依靠简单估算和工程经验确定电源容量或直接采用生产厂商已固定的组件构成系统，显然，这种粗略的设计难以保证系统各部分的经济性与合理性，甚至会出现较高的供电成本和较差的性能表现。

3. 独立型微电网的配置分析

为解决电源配置的经济性问题，应考虑独立型微电网寿命周期内最小初始投资费用、燃料消耗费用、环境保护费用和运行可靠性等经济指标，然而，多数独立型微电网示范工程运行表明，仅仅依靠经济指标、供电可靠性指标作为独立型微电网电源配置的优化目标，无法满足保证系统正常运行的成本低廉和供电的长期可靠。只有在保证独立型微电网稳定运行的基础上，设计并制定相应的能量管理策略，才有可能达到成本低、可靠性高和环保经济等指标要求。

（二）独立型微电网优化配置原则

独立型微电网的经济性和可靠性是其建设和正常运行时要考虑的首要因素。独立型微电网的建设一般位于偏远或经济欠发达地区，尽管有政府补贴或按比例的经济补偿，但目前的电价仍然高于常规电网电价。为进一步提升微电网的经济性，首先，应对电源作重点考虑。例如，当地风、光资源较好，可以考虑主要依靠可再生能源发电，但还需要考虑外部资源可能受气候条件的影响，保持供电的长期和稳定不太现实，往往需要增加油气发电机组或储能设备，而柴油机组的增设往往会受到经济性、环保性的影响，同时增大了预期投资成本；其次，大容量储能设备的增加同样会加大系统成本。即使处于可再生能源较丰富的地区，也不能过分地依赖外部条件，由于负荷波动或气候环境变化均可导致供电中断，如果考虑配置大量储能设备，反而会恶化系统的经济性。一般情况下，选择电源时应遵循以下基本原则。

1. 可再生能源的电源要求

主要考虑可再生能源的资源情况，如果处于资源丰富区域，则尽可能多地利用可再生能源，适当配备储能设备，减少柴油发电机或燃气发电机的利用率。

风电机组容量的确定应主要考虑当地的风能情况、负荷情况及分布特性，同时考虑风机类型及控制策略。针对风能资源丰富但风速和负荷均受季节性变化影响的地区，在选择风机容量时，需要考虑系统的经济性和弃风情况；尤其是独立型微电网在选用风机时需优先考虑风速波动对功率输出的影响，一般情况下，选择双馈型风机效果较好。

在选择光伏系统容量时，同样需要考虑当地日照情况及负荷特性。另外，光伏阵列的安装需要大量的平面空间，对于一些岛屿或建筑物顶部的制约，安装容量时还需要进一步根据现场情况做细致勘察。

储能系统选型应注意考虑技术的成熟性、成本的经济性、使用的寿命期等几个因素。总体而言，目前的储能成本价位偏高，在进行系统配置时可以适当保守，降低容量。具体选择原则还取决于储能在系统中担负的任务和总体控制策略。例如，比较常见的下垂控制策略一般选用储能设备作为系统电压和频率参考，因而对储能设备的性能和容量有特别的要求，这种情况下需要设计的储能容量应适当放大。当系统中存在类似火电机组等易控发电机组（柴油机、燃气机、小水电等）时，储能设备主要用于平滑系统中的功率突变引起的频率或电压波动，此时的储能设备应该能够快速补充功率的缺额，使系统输出功率不低于负荷所需功率，但还需要考虑提供所需功率的持续时间值。由于储能设备的容量单位为 kW·h，因而在不同的场合对功率和时间的需求有所不同。若考虑功率输出和时间响应的侧重点不同，则可配置功率型和能量型混合储能设备，如超级电容和锂电池等。当微电网中含有冷/热/电联供机组时，为提高系统的整体运行效率，有必要对储电/冷/热等不同方式进行统筹分析并选择最佳方案。

对于柴油发电机，由于其运行效率与输出功率有关，若容量过大，使其长期处于低载率运行，会降低使用效率，因此需要根据负荷情况选择合适的柴油发电机，必要时可根据实际需求选择多台小容量机组替代单台大容量机组，以保证柴油发电机的运行效率。当微电网中含有柴油发电机或天然气发电机组时，应保证柴油、天然气的供应充足，适当考虑燃料的存储措施。在高海拔地区，由于气压降低，发电设备很难达到额定运行容量，机组会出现降容等问题，同时燃料运输相对困难，应慎重采用柴油和天然气发电。

随着光伏、风电等可再生能源发电成本的逐步降低和油气燃料发电成本的逐步上升，从节能降耗的角度考虑，应尽可能多地使用可再生能源。当然，目前的可再生能源发电成本仍然较高，有可能在设计的运行时间内难以收回成本，因而在进行方案设计时还需要综合考虑。

2. 可再生能源发电制约条件

微电网在设计初期要考虑的因素较多，如供电的可靠性和连续性，满足全年各种条件下的负荷供电总需求以及个别情况下的冲击性负荷需求，电源和负荷的季节性差异、昼夜差异、独立型微电网供电的特殊需求等。单独利用可再生能源发电具有功率输出不稳定、易受气候条件制约的特点。例如，风电、光伏在昼夜、季节的交替过程中变化较大，而小水电在丰水期和枯水期具有显著的发电差别。因此，在设计时需要对系统运行情况作全面的分析。而对于冷/热/电联供系统，也需要准确地预估冷、热、电负荷变化情况等。

作为主电源的备用发电设备需要连续可靠的一次能源供应，如果出现供应不足情况，也应具备向关键设备供电的能力，还需具备系统故障后的黑启动能力，必要时还得考虑配备冷备用机组。总的来说，独立型微电网一般建在边远的农牧区和沿海岛屿，以照明、取暖等生活负荷为主，可以接受每天短时间的间歇性停电，但如果微电网包含对供电质量敏感的负荷，则应采取相应的措施以提高供电质量和保障供电的连续性。

二、独立型微电网的优化方法

微电网内部电源类型多样，有永磁同步发电机、光伏阵列和多样化能量存储系统。对于传统发电方式，其控制过程相对简单，只要满足燃料供应，即可达到预期工况。利用可再生能源发电，其输出功率往往取决于当地的自然资源条件，并且随当地气候变化而变化，属于典型的不确定型发电模式。微电网系统具有多源、多负荷的特点，这就决定了系统必然存在多种不同的配置组合与运行方式。因此，在系统设计初期需要综合考虑微电网的整体投资、运行成本等关键问题。

进入设计阶段后，还需要对系统的配置进行综合评估，权衡若干类子目标，建立相应的多目标优化模型。独立型微电网的优化目标包括经济性、环保性、可靠性指标，通常将总优化目标分解为若干个子目标。其中，反映经济性的子目标可以是最小化投资建设成本、最小化系统网损、最小化折旧成本、最大化综合收益等；反映环保性指标的子目标可以是最大化可再生能源发电量、最小化碳排放量等；反映可靠性指标的子目标可以是最小化失电率、最小化年容量短缺量、最大化电压稳定裕度等。

（一）电源–负荷特性分析优化

准确评估随机性电源的出力难度较大，另外，微电网的负荷变化没有规律可循。通常情况下，根据电源–负荷的自身工作特性，采取的优化控制方法有确定性方法和不确定性方法两类。

1. 确定性方法

确定性方法就是把随时间、地点变化的数据进行近似理想化的处理方法，即采取历史数据或统计数据将电源与负荷近似为不变的数据。为使获得的数据准确可信，通常利用当地的气象站或自建的测量工具采集，如风力大小、太阳能辐射程度以及温度变化等信息。实际的数据库可能会遇到数据缺失或存在偏差现象，也可以通过统计方法或拟合曲线的方式来弥补。

优化控制过程中，确定性方法可以直接应用于可靠性或成本分析。但由于实际的气候和负荷数据都在不断地变化之中，借鉴历史资料来推测未来气候数据或负荷数据不可避免地会带来一定的误差，从而引起优化控制结果与实际工程存在偏差，因此还需要根据实际经验与项目的目标进行结果修正。

2. 不确定性方法

应用不确定性方法的思路是将微电网内部所有的微电源和负荷等待求参量作为随机变量，针对一定的时间和地点，利用理论模型来计算分布式电源及负荷数据，如光照度、温度、风速及负荷等概率密度数据。但是，不确定性方法的应用不能完全保证配置和优化数据的全部正确性，主要原因在于：

（1）不同时间、不同地点的电源和负荷的概率密度不尽相同，并且这些数据的概率密度函数可能与历史数据有很大关系。因此，对于特定区域的数据优化和确定存在一定的偏差。

（2）在不确定方法的使用中，可能忽略了各分布式电源之间的耦合关系。例如，在计算风电的过程中往往不再考虑温度和辐照度等条件，但实际系统中确实存在风速的大小与光照、温度有一定的非线性耦合关系。因此，应用不确定性方法分析和优化参数的过程中往往会增加系统的复杂性。

总之，确定性方法可以直接利用历史数据进行微电网的优化配置，而不确定性方法则需要通过理论模型计算获得配置数据，从而进行微电网的优化配置，两者各有优缺点和不同应用场合。因此，在进行优化配置时，需要根据相关资源进行调研和分析计算，在特定的场景下应选择合适的方法求解，以满足理论和实际工程问题分析的需求。

（二）经济效益分析与优化技术

微电网的优化是微电网建设初期规划、设计所必须进行的首要工作。微电网优化方案合理与否直接影响微电网的安全稳定运行和经济效益的提升。不合理的优化方案只能导致系统运行成本增高和低劣的微电网经济性能。在微电网优化方案考虑之初，需要根据相关资源进行分析和测算。微电网优化技术是充分发挥微电网系统优越性的前提和关键。

微电网优化技术需根据用户所在地区的基本条件、气象数据资料、分布式电源的工作特性、负荷功能需求以及系统设计等数据来确定微电网各组成部分的类型和容量。设计的目的在于使微电网内部各电源尽可能地以最佳状态工作，从而达到经济性、环保性和可靠性。

微电网的优化技术内涵丰富，涉及面较宽广，主要包括系统模型的建立、指标评价体系、过程求解等。

（三）建模方法

对微电网的建模研究是微电网优化技术的基础，主要包括自然资源模型、电源模型、负荷模型、寿命模型和经济模型等。

1. 自然资源模型

自然资源模型的建立是发电预测计算的基础。由于在计算风电、光伏等设备发电过程中输出功率的数据来自当地风速、光照度、温度等基本数据，而实际工作中往往较难以获得完整的数据，因此，目前的可行办法是将历史数据作为参考依据，并在此基础上采用工程软件进行数据拟合获得，但这种方法的预测结果存在一定的偏差。

2. 电源模型与负荷模型

分布式电源的数学模型主要考虑电源的基本特性。由于风电与光伏两类典型的可再生能源的发电特性直接与外界环境有关，而优化技术中采用实时在线仿真和现场实测数据相校核来获得分析依据，因此在优化配置中大多是采用分布式电源的准稳态模型进行分析。负荷模型主要考虑负荷的不同类别和重要程度两个方面。微电网所涉及的负荷主要有敏感负荷和非敏感负荷。敏感负荷对电能质量要求较高，在微电网建模分析时需特别考虑。

3. 寿命模型与经济模型

寿命模型是微电网经济和性能评估的重要考量因素之一。目前的做法是根据不同电源进行分类处理，首先评估单个电源的寿命特性，然后综合各自特性进行分析，最后抽象出近似的统一模型。但实际工作中，更多地评估储能系统的寿命更有意义，如蓄电池组考虑的因素有损耗特性、物理特性以及荷电状态检测等。经济模型大多考虑设备的初期投资成本、购电价格、售电价格以及设备折旧等内容。

三、独立型微电网优化控制策略

独立型微电网一般含有多种分布式电源和储能系统，其运行模式与控制方法较多，针对不同的运行策略将产生不同的控制结果，因此微电网的优化控制策略是其核心。

（一）策略分析

针对风电、光伏、混合储能设备构建的微电网系统，风电和光伏的发电过程受制于外部环境的影响，存在一定的随机性和间歇性，难以按照预期设定模式发电。因此，这类设备属于典型的不可控型电源。而针对储能系统的运行同样需满足一定的约束条件，另外，考虑到蓄电池成本低廉、技术成熟和存储容量大、可控性好等因素，所以将其作为主电源，为微电网的电压和频率给定提供参考。不论确定哪种设备为主电源，均需考虑整个微电网的运行成本、维护费用等。

1. 微电网整周期净现值费用模型

（1）整周期的净现值费用。整周期的净现值费用（Net Present Cost，NPC）是指微电网在运行的整个周期内所产生的费用，可以采用全寿命周期的所有成本和收入的资金现值来描述。其中的成本主要包括初建投资、设备维修维检以及燃料动力成本，收入部分包括售电获益和设备残值。基本描述方法可表述为

$$f_1(X)=\sum_{k=1}^{K}\frac{C(k)-B(k)}{(1+r)^k} \tag{4-1}$$

式中，K 表示全系统的运行寿命，单位为年；r 为贴现率；$C(k)$ 和 $B(k)$ 分别代表第 k 年的成本和收入，单位为元/年。

$C(k)$ 的计算公式如下：

$$C(k)=C_1(k)+C_R(k)+C_M(k)+C_F(k) \tag{4-2}$$

式中，$C_1(k)$ 和 $C_R(k)$、$C_M(k)$、$C_F(k)$ 分别代表第 k 年的初建投资和更新、维护维检以及燃料动力费用。它们的计算公式为

$$C_1(k)=C_{1\text{Con}}+C_{1\text{Battery}}+C_{1\text{PV}}+C_{1\text{Wind}}+C_{1\text{DG}}+C_{1\text{Converter}} \tag{4-3}$$

其中，$C_{1\text{Con}}$、$C_{1\text{Battery}}$、$C_{1\text{PV}}$、$C_{1\text{Wind}}$、$C_{1\text{DG}}$、$C_{1\text{Converter}}$分别代表微电网控制系统、蓄电池、光伏组件、风力发电机、柴油发电机和变流器的初期投资费用。

$$C_R(k)=C_{\text{RBattery}}(k)+C_{\text{RPV}}(k)+C_{\text{RWind}}(k)+C_{\text{RDG}}(k)+C_{\text{RConverter}}(k) \tag{4-4}$$

其中，$C_{\text{RBattery}}(k)$、$C_{\text{RPV}}(k)$、$C_{\text{RWind}}(k)$、$C_{\text{RDG}}(k)$、$C_{\text{RConverter}}(k)$分别代表第 k 年的蓄电池、光伏组件、风力发电机、柴油发电机和变流器的更新费用。

$$C_{\text{M}}(k)=C_{\text{MBattery}}(k)+C_{\text{MPV}}(k)+C_{\text{MWind}}(k)+C_{\text{MDG}}(k)+C_{\text{MConverter}}(k) \tag{4-5}$$

其中，$C_{\text{MBattery}}(k)$、$C_{\text{MPV}}(k)$、$C_{\text{MWind}}(k)$、$C_{\text{MDG}}(k)$、$C_{\text{MConverter}}(k)$分别代表第 k 年的蓄电池、光伏组件、风力发电机、柴油发电机和变流器的维护费用。

$$C_{\text{F}}(k)=C_{\text{FDG}}(k) \tag{4-6}$$

其中，$C_{\text{FDG}}(k)$表示第 k 年柴油发电机的燃料动力费用。

$B(k)$ 的计算公式如下：

$$B(k)=B_{\text{Salvage}}(k)+B_{\text{Grids}}(k) \tag{4-7}$$

式中，$B_{\text{Salvage}}(k)$、$B_{\text{Grids}}(k)$分别表示设备残值和第 k 年的售电获益。残值产生于经济评估寿命的最后一年，可以等效为“负成本”，其年份取值为零。

（2）环境成本。目前，国内的燃料来源主要为化石燃料，在发电过程中不可避免地会排放一定量的污染物，而污染物的排放与燃料消耗直接相关。因此，减小污染物的排放目标可以通过降低化石燃料消耗来实现。利用化石燃料发电产生的排放物主要为 CO_2，现假定微电网每年排放的 CO_2 量与消耗的化石燃料成比例，并假设排放系数为 σ^{co_2}（kg/L），则将排放量转化为经济费用并引入排放处罚项来计算环境成本的公式为

$$f_2(X)=\sum_{k=1}^{K}\frac{g^{\text{co}_2}\sigma^{\text{co}_2}v^{\text{fuel}}(k)}{(1+r)^k} \tag{4-8}$$

式中，g^{co_2} 代表排放 CO_2 的处罚收费标准（元/kg）；$v^{\text{fuel}}(k)$代表微电网第 k 年柴油年消耗量（L）。

（3）可再生能源利用率。可再生能源利用率是指可再生能源年发电量与微电网内全部电源年发电量的比值。为提高可再生能源的利用率，可引入全寿命周期内未利用的可再生能源惩罚费用作为经济指标：

$$f_3(X)=\sum_{k=1}^{K}\frac{g_{\mathrm{RR}}E_{\mathrm{eump}}(k)}{(1+r)^k} \tag{4-9}$$

式中，g_{RR} 代表未利用的可再生能源处罚收费标准［元/（kW·h）］；$E_{\mathrm{eump}}(k)$ 代表第 k 年未利用的年可再生能源量（kW·h）。

2. 多目标优化模型

为了综合考虑上述三项评价指标，可采用线性加权求和法将多目标优化问题转换为单目标优化问题并进行解决，最终获得的带惩罚项的单目标优化问题如下：

$$\min F=\sum_{i=1}^{3}\lambda_i f_i + C \tag{4-10}$$

$$\text{s. t.} \sum_{i=1}^{3}\lambda_i = 1,\ \lambda_i \geqslant 0 \tag{4-11}$$

$$\begin{cases}0, & g(X)\leqslant 0\\ 10^{20}, & g(X)>0\end{cases} \tag{4-12}$$

式中，目标函数的权重系数根据微电网假设目标及微电网所处区域内的环境因素综合确定。若认为 f_1 的重要性略高于 f_2，f_2 的重要性略高于 f_3，则有 $\lambda_1\geqslant\lambda_2\geqslant\lambda_3$。$C$ 作为一个惩罚系数，用于引入系统可靠性指标约束项，如果不满足约束要求，则目标函数加入此项惩罚系数。

$g(X)$ 用于表示由负载缺电率（LPSP）引入的约束函数，可由下面的公式计算得到。LPSP 定义为未满足供电需求的负荷能量与整个负荷需求能量的比值。LPSP 的取值在 0~1 之间，数值越小，供电可靠性越高。

假设在优化过程中负载缺电率应小于等于 1%，则有

$$\mathrm{LPSP}=\frac{E_{\mathrm{cs}}}{E_{\mathrm{tot}}}\leqslant 0.01 \tag{4-13}$$

$$g(X)=\mathrm{LPSP}-0.01 \tag{4-14}$$

式中，E_{cs} 为总的未满足能量；E_{tot} 为总的电负荷需求能量。

3. 约束条件

独立型微电网规划设计问题的约束条件主要包括以下几类。

（1）微电网内部有功功率、无功功率平衡约束；

（2）设备运行约束：针对不同的用电设备设置不同的运行约束条件，如负荷供电可靠率约束、频率约束、电压电流约束等；

（3）监管约束：包括可再生能源与常规能源的比例约束、污染物及碳排放量约束等；

（4）投资约束：主要指总投资、后期设备维护维检等费用约束以及投资回收期约束等；

（5）可用资源约束：如光伏系统安装面积及容量约束、风电系统安装场地及容量约束、设备安装控件约束等。

（二）注意事项

这里需要特别强调的是，微电网运行的上述约束条件不仅要求在整个规划周期内的各个时期都能满足，而且上述目标函数中所有的量都是按年统计的，因此微电网的优化配置较为复杂。不同的系统配置对应的目标值不同：首先，一个优化的设计方案要满足规划期目标函数达到最小的系统配置；其次，考虑初期投资成本和后期维护成本最低的设计理念；最后，保证电能质量和供电可靠性的基本要求。另外在规划问题求解过程中，不但需要考虑负荷的增长，还需要考虑各个

时间段内可再生能源与负荷的变化情况。在规划设计阶段中，很难准确获得可再生能源与负荷的估计数据，一般的处理方法是在整个规划周期内，假定可再生能源的资源情况不变，负荷的年特征曲线不变，但年负荷最大值可逐年增长。每年选择若干个典型日，针对选择的典型日进行运行模拟，确定典型日的各项定量指标，然后根据典型日代表的天数，获得全年的量化指标，如燃料消耗量、可再生能源利用量等。实际上，微电网的规划问题与运行问题高度融合，在求解规划问题时，需要首先明确系统运行策略。

四、独立型微电网的组网方式

独立型微电网的组网方式指的是微电网内各分布式电源在系统运行中所承担的角色。当微电网采用对等控制策略并且负荷发生变化时，所有分布式电源均承担类似的角色，共同分担负荷的变化，这就是典型的分布式电源对等组网方式。当微电网采用主从控制时，需要选择一个用于承担系统内负荷平衡角色的电源作为主电源，选择不同的主电源就构成了不同的主从组网方式，这里的主电源又称为组网电源。考虑到目前实际的微电网主要以主从控制模式为主，所以有必要重点分析该模式下的系统组网方式和运行控制策略。

依据分布式电源和储能系统的控制特性不同，采用主从控制模式的微电网的组网方式可以有多种选择。典型的组网方式可以分为可控型分布式电源组网、储能系统组网、储能系统与分布式电源交替组网 3 种。这里典型的可控型分布式电源主要指柴油发电机组、小水电机组、燃气轮机组等。

（一）多能互补式电源组网方案

1. 组网方案概述

多能互补式电源组网方案一般以柴油发电机组、小水电机组等能方便调节的发电机组作为微电网功率平衡主控机组，个别地区也采用燃气轮发电机组网。此时的太阳能、风能等可再生能源发电机作为从电源并入微电网，一般采用 MPPT 方式跟踪最大功率给以控制。系统结构如图 4-1 所示。

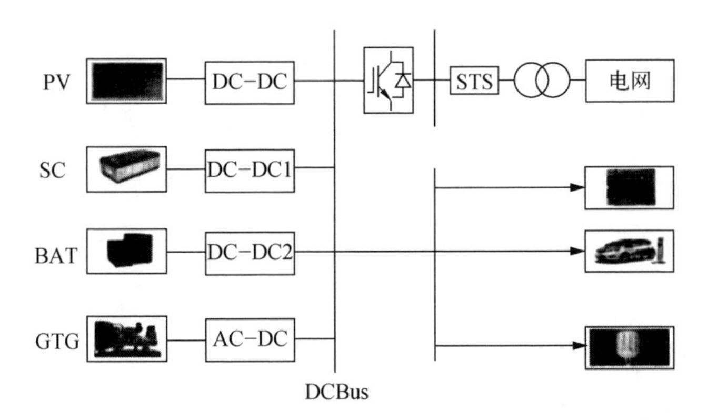

图 4-1　多能互补式电源组网结构

主从控制方案在实际工程上应用较多，类似传统大电网控制模式。由于主电源性能稳定，技术成熟，可控性较好，一般采用燃气轮发电机或大容量储能系统充当。而采用同步发电机直接并网模式的可控分布式电源一般由原动机和同步发电机两部分构成。原动机为小型水轮机、柴油发动机、汽轮机等，同时配置有调速系统和励磁控制系统。调速系统控制原动机及同步发电机的转速和有功功率，励磁控制系统控制发电机的电压及无功功率。通过发电机的转速和电压恒定控制，可以对微电网的频率和电压起到支撑作用，即使在微电网内部负荷或其他分布式电源功率发生波动时，也能保证系统的稳定运行。

组网的快速启动电源，必须满足微电网各电源出力与负荷功率需求保持平衡的基本要求，主要表现为：反应快速性和能量供给的充裕性。当其他分布式电源（如光伏、风电）或负荷发生波动时，组网电源能够快速响应，平衡此类波动；当其他分布式电源出力降低时，作为开启电源同样应输出足够的功率满足负荷运行需求。而针对柴油发电机这类分布式电源，因功率坡度率的限制，组网电源有时不能适应光伏等分布式电源输出功率的快速波动。为此，需要配置电池储能系统，协助组网电源实现微电网内功率的快速平衡。

2. 经济性分析

柴油发电机是独立型微电网常用的分布式电源，具有启动快、初期投资少、维护成本低等优点。但柴油发电机的燃料比较昂贵、运行成本较高，所以柴油发电机组网的全生命周期成本可能会有小幅度提升。目前，我国东部沿海岛屿的发电成本大约为2元/（kW·h），在高海拔地区，如青海、西藏等高达4元/（kW·h）以上。从长远发展的角度综合衡量，柴油属于一次性化石燃料，随着能源的日趋紧缺，价格还会进一步上涨。另外，利用柴油作为燃料还存在环境污染问题。这里要特别强调的是，由于柴油发电机受最小功率输出限制，当利用可再生能源发电出力较大而负荷减小时，必须弃光、弃风才能保证柴油发电机工作在允许的功率输出范围，这在一定程度上提高了光伏、风电的发电成本并降低了其发电收益。

小水电也是一类常见的发电机组，初期的建设投资和维护运行成本都不高，也不存在环境污染问题，属于典型的环保型供电方式。目前，在我国的西部地区建立了不少的小型水电站，丰水期发电量能够满足负荷的实际需求，但可能存在连续数月的枯水期现象。如果将小水电与光伏、风电等可再生能源发电系统组成微电网，则可以适当缓解枯水期供电紧张的情况。

（二）储能系统组网

1. 组网方案概述

含储能系统的组网一般将储能元件作为主电源，发挥其在微电网中能够稳定电压及频率和综合平衡功率的作用。但考虑到储能系统价格昂贵和容量受限等原因，通常的组网规模较小。典型的国内外成功案例有：日本仙台2006年建立的微电网和希腊2009年建成的基斯诺斯岛微电网工程；我国2013年建成的青海省玉树藏族自治州曲麻莱县微电网，其采取两类不同类型的储能元件再配备一定的光伏阵列构成微电网，发挥了不同类型储能的优势，采用工业以太网通信方式构成主从控制模式，提高了系统的可靠性与稳定性。

分析储能组网方式的特点不难发现，目前采用电池储能较多，主要利用其快速充放电特性，可控性好，对于特殊的功率平衡需求和功率波动抑制具有较理想的效果，能够保证系统的运行动态稳定性。常见的电池储能组网方案有两种情形，如图 4-2 所示。其中，第一种情形采用独立的储能设备作为主电源，以保证公共直流母线电压的恒定，因此在容量方面要求较高；第二种情形采用光伏电池与储能设备共同作为一种可控型电源维持母线电压恒定，这样可以适当降低储能的容量要求，但可能存在弃光现象，同时对控制系统技术要求相对较高。

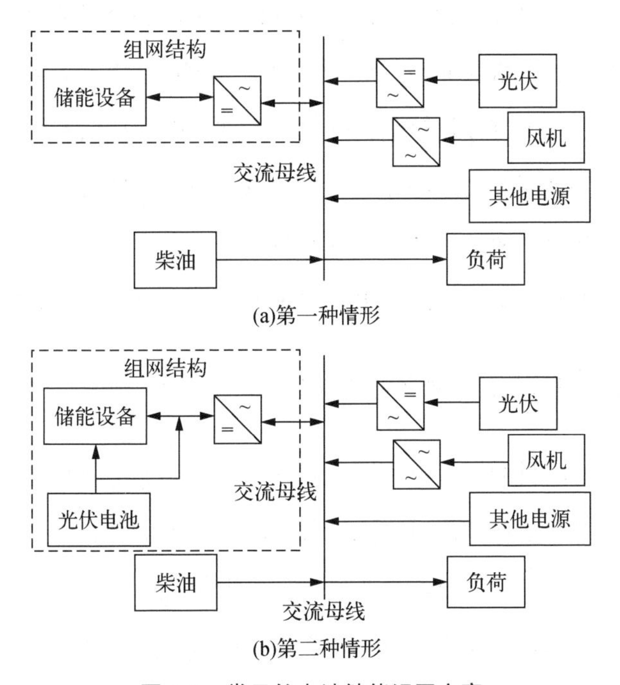

图 4-2 常见的电池储能组网方案

储能系统的设置可以减少柴油发电机容量或者去掉柴油发电机，实现柴油的零消耗，达到了微电网的环保性要求。但是，由于蓄电池存在安全、寿命和成本等问题，目前国内还处于示范阶段，相信随着储能技术的不断发展，未来以电池储能系统组网将会得到更多应用。储能系统的充放电均需双向变流器作为核心的能量变换器件，考虑到单台变流器的容量成本限制，常常需要多台储能系统并联运行，共同承担微电网内部频率和电压支撑的角色。

2. 经济性分析

储能系统组网方案起初投资成本较高，但没有燃料费用，运行成本相对较低，维护费用适中。考虑采用储能系统后，其经济性指标的关键决定因素为其使用寿命，通常情况下电池每 3 ~ 4 年需更换一次，因此，更换周期和更换成本是微电网经济性分析的一个重要考虑因素。目前常用的储能电池有两类，分别是铅酸蓄电池和磷酸铁锂电池。另外，新型电池还包括钠硫电池和全钒液流电池。其中，铅酸蓄电池技术成熟、价格低廉，一般每 3 年需要更换一次，如果对铅酸蓄电池组的充放电深度和频度进行优化控制，则更换周期可以延长到 5 年以上。大容量磷酸铁锂电池也是一种应用较广的新型电池，这种电池一般寿命较长，但目前价格昂贵。钠硫电池和全钒液流电池等也都有各自的优缺点，尚需要在应用中不断完善。总之，这种组网方案的经济性很大程度上取决于储能系统的应用策略。

（三）分布式电源与储能系统混合组网

混合组网方案的目的是充分利用分布式电源与储能的各自优点，在优化运行模式的基础上尽可能多地利用可再生能源，减少储能配置，以达到提升效率的目的。当微电网中含有光伏、风电、小水电、电池储能系统时，在丰水期，可以采用水电机组进行组网，储能系统可以作为辅助电源，用于平抑光伏、风电的功率波动，尽可能降低对储能系统的不利影响；在枯水期，可以采用储能系统组网方案，并保持对负荷的持续供电。这种混合组网方式有助于提高微电网的供电可靠性和设备的综合利用率。从经济性方面来分析，混合组网的经济性取决于具体应用场景。混合组网方案不需要增加额外的一次设备投资，仅需要在原来设备的基础上增加多样化的控制策略即可实现。

五、独立型微电网组网控制策略

独立型微电网组网方式灵活多样，控制策略不拘一格。制定合理可行的运行控制策略是满足分布式电源、储能、负荷高效运行的基础，也是确保微电网内部发电与用电的实时功率平衡要求的基础。控制策略的基本原则是尽可能多地利用可再生能源、减少环境污染、防止储能系统的过充与过放等，实现网内各类电源的优化调度，保证微电网处于最佳的运行状态。如图 4-3 所示。

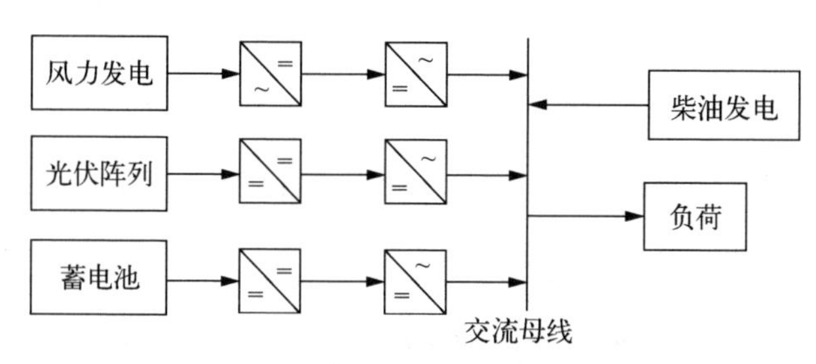

图 4-3　独立型微电网组网结构

在风/光/柴/蓄独立型微电网中，风机和光伏发电功率与外界环境直接相关。风、光的随机性和间歇性特征，导致这两类发电方式均无法完全按照预期输出功率，属于典型的不可控电源。与此相对应，柴油发电机和蓄电池储能系统属于可控电源，尽管两者运行时需满足一定的约束条件，但在约束允许范围内可对其输出功率进行管理控制，从而按预期工况稳定工作。因此，对柴油发电机和蓄电池储能系统的管理控制决定了风/光/柴/蓄独立型微电网的运行策略，柴油发电机和蓄电池储能系统不同控制方法的组合构成了风/光/柴/蓄独立型微电网的不同运行策略。

在风/光/柴/蓄独立型微电网中，柴油发电机也可以作为主电源长期运行，以提供微电网内电压和频率的参考。当然，蓄电池储能系统同样可以充当主电源。由于蓄电池储能系统供电能力有限，一般情况下，可采用柴油发电机和蓄电池储能系统共同作为主电源的运行模式。风/光/柴/蓄独立型微电网的运行策略很多，具体的适应性与当地的可再生能源资源情况有关，也与微电网运行时的关注点有关。微电网的运行策略可以分为启发式策略和优化策略，由于优化策略一般以对风力发电、光伏阵列的准确功率预测为前提，在实际系统运行中常常达不到预期效果。另外，柴油发电机和蓄电池储能系统必须严格遵守各自的运行规律和总则。

柴油发电机控制策略主要由启动准则、关停准则和运行功率准则 3 个方面构成；而蓄电池储能系统控制策略主要由放电准则、充电准则、放电功率准则和充电功率准则构成。

（一）柴油发电机控制策略

1. 启动准则

针对风/光/柴/蓄独立型微电网，柴油发电机的启动主要考虑供电的连续性和微电网的安全稳定性。当蓄电池储能系统荷电状态（SOC）未达到下限值 $S_{\min}$，并且风/光/蓄的出力不够，或者蓄电池储能系统荷电状态达到下限值 $S_{\min}$，从而导致风/光/蓄的发电功率不足时，柴油发电机的启动准则如图 4-4 所示。

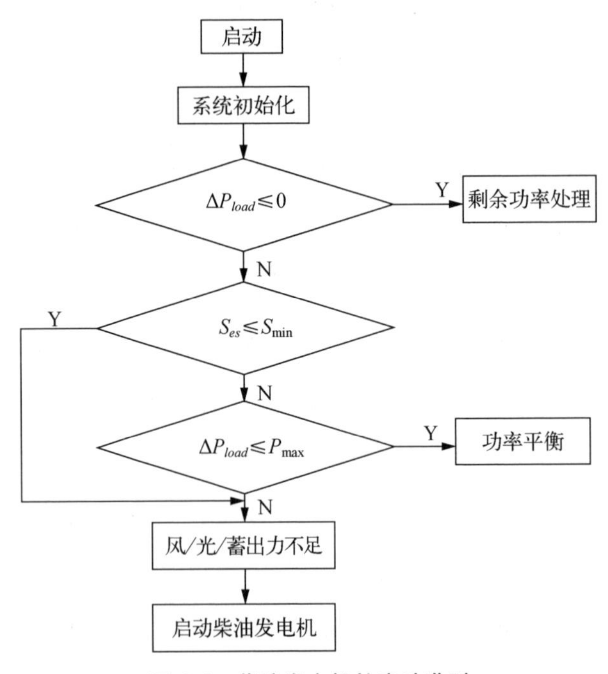

图 4-4　柴油发电机的启动准则

在图 4-4 中，ΔP_{load} 为微电网内净负荷，S_{es} 为蓄电池 SOC 值，$S_{\min}$ 为蓄电池 SOC 下限值。当蓄电池 SOC 低于 $S_{\min}$ 时，蓄电池将不再进行放电。其中，ΔP_{load} 可表示为

$$\Delta P_{load}=P_{load}-P_{wt}-P_{pv} \tag{4-15}$$

式中，P_{load} 为负荷所需功率；P_{wt} 为风机功率；P_{pv} 为光伏功率。当 ΔP_{load} 为正时，表示风/光发电功率小于负荷需求；当 ΔP_{load} 为负时，表示风/光发电功率大于负荷需求。

2. 关停准则

风/光/柴/蓄独立型微电网可能有不同的运行需求，可根据可再生能源发电功率或蓄电池储能系统荷电状态，设置不同的柴油发电机关停准则：

（1）当风/光发电功率能够满足负荷需求时；

（2）当风/光/蓄发电功率能够满足负荷需求时；

（3）当风/光发电功率能够满足负荷需求或蓄电池储能系统荷电状态达到充电限值 S 时；

（4）当蓄电池储能系统荷电状态达到充电限值 S 时。

柴油发电机关停准则就是在风/光/柴/蓄或其中的几类分布式电源任意组合情况下，能够满足供电的连续性和可靠性，其目的是节约能耗和保护环境。典型的关停准则如图 4-5 所示。

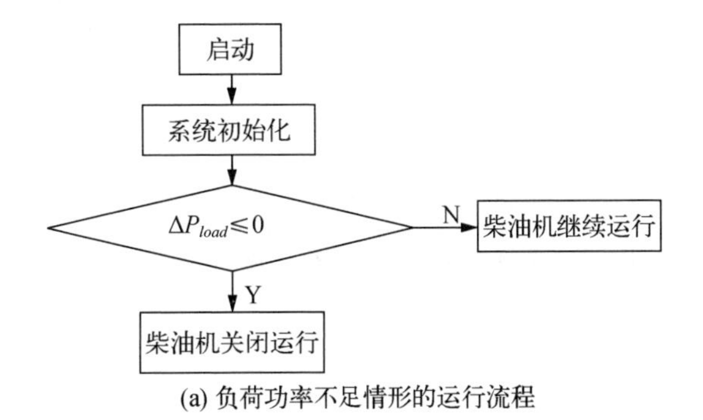

(a) 负荷功率不足情形的运行流程

图 4-5　柴油发电机启动运行关停总则流程

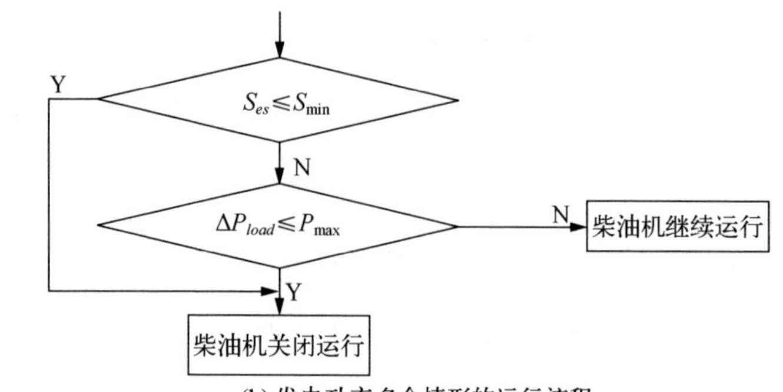

(b) 发电功率多余情形的运行流程

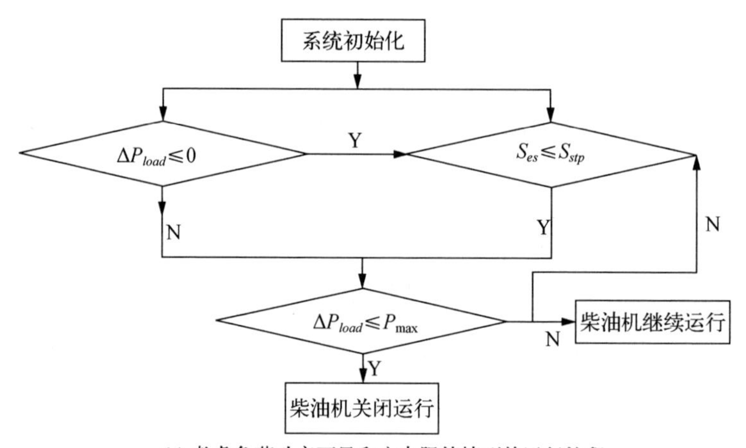

(c) 考虑负荷功率不足和充电限值情形的运行流程

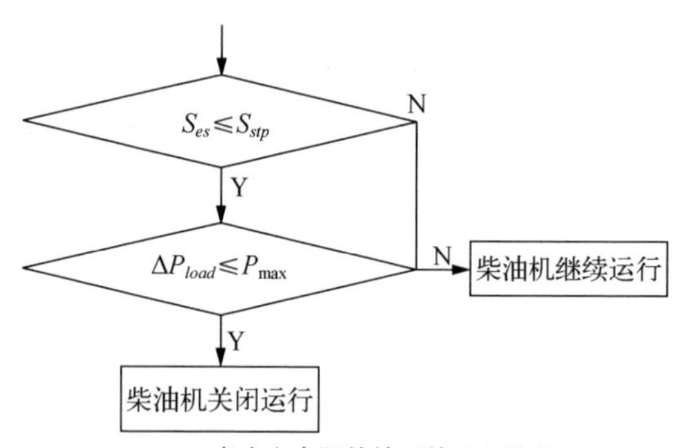

(d) 考虑充电限值情形的运行流程

图 4-5 柴油发电机启动运行关停总则流程（续）

3. 运行功率准则

柴油发电机运行功率准则主要由以下 3 种情况构成：

（1）功率平衡模式。柴油发电机的主要职责为保证微电网内部的负荷满足功率需求。当实际负荷功率需求低于设置时，由于受柴油发电机最低输出功率约束条件限制，可以选择向蓄电池储能系统充电，但需优先考虑利用可再生能源；相反，当柴油发电机输出功率不能满足负荷实际需求时，可借助蓄电池储能系统放电给以补充。

（2）功率最大模式。为满足负荷功率的最大需求，首先，柴油发电机应满足当前负荷的用电需求；其次，应保证蓄电池储能系统具有较高的放电能力；再次，以小于蓄电池储能系统的最大允许充电电流作为参考对蓄电池进行浮充充电；最后，当以最大功率输出模式运行时，还需考虑柴油发电机的最大功率输出的约束条件。

（3）功率恒定模式。柴油发电机输出功率基本不变，按照设定功率条件进行发电。如果负荷需求不能满足，可采用蓄电池储能系统给以补充，当有多余发电功率时，可以选择向蓄电池储能系统充电。在此运行模式下，应尽量避免外界负荷的大幅度变化和调整蓄电池储能系统充放电控制策略，此时柴油发电机可以以相对稳定的功率状态运行。

（二）蓄电池储能系统控制策略

1. 放电准则

当柴油发电机和可再生能源发电功率无法满足负荷需求时，蓄电池储能系统根据实际功率需求进行放电以保证功率平衡。当柴油发电机停机时，蓄电池储能系统可作为主电源稳定母线电压和频率。当柴油发电机处于运行状态时，柴油发电机可作为主电源。

2. 充电准则

将蓄电池储能系统荷电状态上限值与蓄电池预期设定值进行比较，在满足荷电状态条件且同时发电有余量的情况下进行充电，同时设定最大充电电流值。主要分为以下两种情况：

（1）当风/光或风/光/柴发电功率大于负荷需求时，多余的电能存入蓄电池储能系统；

（2）当风/光或风/光/柴发电功率大于负荷需求，且多余的电能大于一定限值时，才会存入蓄电池储能系统。设置一定的充电限值主要是考虑合理的弃风、弃光会在一定程度上减少蓄电池储能系统充放电状态的频繁转换，这将有利于延长其使用寿命。

3. 放电功率准则

蓄电池放电时，其端电压随放电时间而逐渐下降，需要实时调整 DC–DC 变换器的占空比 D，满足放电功率的约束条件。但需要注意的是：蓄电池放电时，当电压下降至放电终止电压时必须停止放电，否则会因过放电而影响蓄电池的使用寿命。

4. 充电功率准则

由于蓄电池的充电时间、速度和程度等都会对蓄电池的电性能、充电效率和使用寿命产生严重影响，因此要避免蓄电池的充电过充；要在充电过程中进行电流值的干预；要严格监视环境温度变化对充电的影响。

六、独立型微电网的优化配置综合模型

独立型微电网的优化配置综合模型主要包括优化变量、优化目标和约束条件，可以表示为

$$\begin{aligned} &\min \quad f(x) \\ &\text{s.t.} \quad h_i(x)=0,\ i=1,\ \cdots,\ m \end{aligned} \tag{4-16}$$

$$g_j(x) \leqslant 0, j=1, \cdots, n$$
$$x \in D \tag{4-17}$$

式中，x 为决策变量；$f(x)$ 为目标函数；$h(x)$ 为等式约束；$g(x)$ 为不等式约束；D 为优化变量范围。

（一）优化变量

在微电网优化配置中，优化变量主要包括分布式电源、储能系统类型及数量。鉴于微电网规划设计方案与运行优化策略的强耦合特性，运行策略及其相关参数一并被认为是待决策的变量。优化变量结构如图 4-6 所示。在涉及选址的问题中，可将分布式电源、储能设备的位置作为优化变量。在建模过程中可以将所有变量统一到一个目标函数下，采用两阶段的建模方式，即第一阶段确定设备的类型、位置和容量，第二阶段主要确定系统的运行策略及其相关参数。

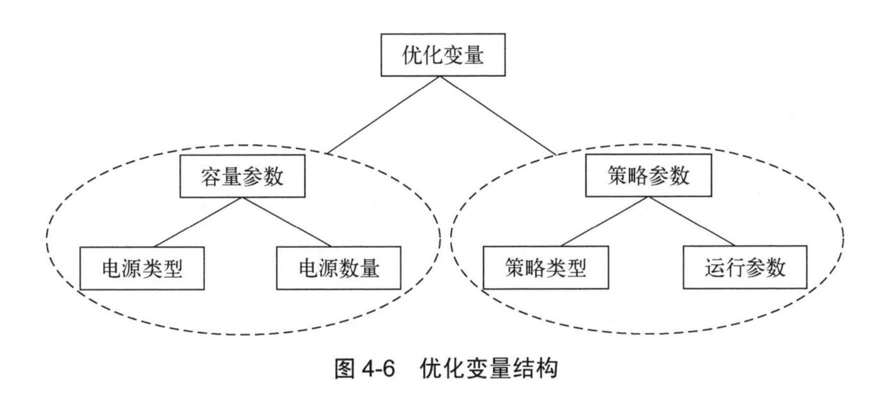

图 4-6　优化变量结构

（二）优化目标

优化目标大致可以分为经济性目标、技术性目标和环保性目标，与评价指标相对应。可通过设定不同的目标，寻求相应指标的最优化。在优化配置时，可根据微电网不同的优化需求，选取一个或多个目标，或将 3 个目标综合起来统一考虑。

由于经济性单目标包含的信息有限，多目标优化已经成为当今的趋势。通过多目标优化可以得到不同目标之间的定性、定量关系，可为优化决策提供重要的参考依据。优化目标结构如图 4-7 所示。

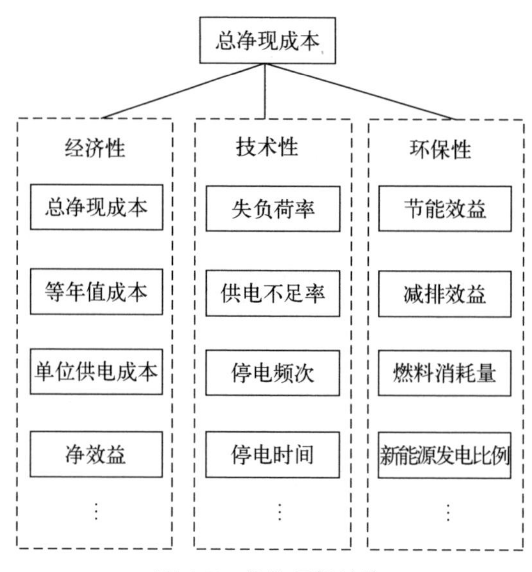

图 4-7 优化目标结构

（三）约束条件

独立型微电网在优化配置时需要满足一定的约束条件才能使配置的结构符合实际系统要求，因此，在优化配置时，约束条件的选取将会对配置结果有较大影响。为此，下面以目前常见的风/光/柴/储独立型微电网为例。

1. 系统运行的功率能量基本条件

（1）有功功率平衡约束。微电网内部的负荷所需有功功率与所有分布式电源提供的有功功率之间的平衡，可以表示为

$$P_L = P_{pv} + P_{wt} + P_{de} + P_{bat} \tag{4-18}$$

式中，P_L 为负荷功率；P_{pv} 为光伏功率；P_{wt} 为风机功率；P_{de} 为柴油发电机功率；P_{bat} 为电池功率。

（2）节点电压、频率的约束。

$$\begin{cases} P_{\min} \leqslant P \leqslant P_{\max} \\ S_{\min} \leqslant S \leqslant S_{\max} \\ f_{\min} \leqslant f \leqslant f_{\max} \end{cases} \tag{4-19}$$

式中，P、S、f分别为系统有功功率、系统容量和频率。

2. 设备运行约束

（1）风机、光伏输出功率约束。

$$\begin{cases} 0 \leqslant P_{wt} \leqslant P_{wt\text{-max}} \\ 0 \leqslant P_{pv} \leqslant P_{pv\text{-max}} \end{cases} \tag{4-20}$$

式中，P_{wt}、P_{pv}、$P_{wt\text{-max}}$、$P_{pv\text{-max}}$分别为风机、光伏的实际功率与最大输出功率。

（2）柴油发电机功率约束。

$$P_{de\text{-}rate} \leqslant P_{de} \leqslant P_{de\text{-max}} \tag{4-21}$$

式中，$P_{de\text{-}rate}$、$P_{de\text{-max}}$分别为柴油发电机的低限输出功率和最高输出功率。

（3）蓄电池功率约束。

$$\begin{cases} S_{\min} \leqslant \mathrm{SOC} \leqslant S_{\max} \\ -P_{\text{max-}charge} \leqslant P_{bat} \leqslant P_{\text{max-}discharge} \end{cases} \tag{4-22}$$

式中，$S_{\min}$、$S_{\max}$分别为电池的荷电状态下限值与上限值；$P_{\text{max-}charge}$、$P_{\text{max-}discharge}$分别为电池的充电和放电功率值。

除上述约束条件外，还可根据实际工程需求设定其他约束条件，从而获得较满意的控制效果。此外，针对独立型微电网，在工程约束方面建议考虑以下内容：

（1）建设成本约束。由于目前在建的微电网成本相对较高，工程主管一般会考虑项目的初期投资，因而在优化配置阶段应重点考虑初期投资成本和维护费用。

（2）生态保护约束。由于独立型微电网一般建在偏远地区或海岛，大部分属于国家级保护区或生态脆弱区，因此在项目实施之前必须充分调研配置柴油发电机或蓄电池储能系统的可行性。

（3）特殊地区约束。针对一些高海拔或极冷、极热地区的项目，必须考虑设备的发电裕量。比如，柴油发电机的燃烧受空气中氧气含量的影响，为此，需综合考虑实际配置地区的特殊性要求。

第二节 并网型微电网优化配置

一、并网型微电网评价指标

并网型微电网的运行方式既可以是并网，也可以是孤岛。并网型微电网在经济性、可靠性、环保性方面与独立型微电网的要求基本相同，其性能指标可以分为3类：第一类指标是微电网的供电模式，对微电网的年发电量、用电量和售电量进行综合统计分析；第二类指标主要体现电网的资产使用情况，由于微电网既可以从大电网购电，又可以利用微电网发电，不同的配置具有不同的资产利用率；第三类指标主要考虑微电网与大电网的友好交互性，既能降低大电网的影响，还能提高系统运行的经济性和可靠性。

（一）第一类指标

第一类指标包括自平衡率、自发自用率、冗余率等。这些指标通过定义微电网的年发电量和用电量、年售电量和年购电量之间的关系，揭示微电网的电量使用情况。

1. 自平衡率

由于微电网与大电网的互联结构，形成了大电网对微电网的后备和支撑作用，因此微电网可以利用分布式电源自身发电的优势提供一定的负荷比例，降低对大电网的依赖程度。自平衡率是指微电网在一定的周期内，依靠自身分布式电源所能满足的负荷需求比例，即

$$R_{self}=\frac{E_{self}}{E_{total}}\times 100\%=\left(1-\frac{E_{grid\text{-}in}}{E_{total}}\right) \tag{4-23}$$

式中，R_{self} 为自平衡率；E_{self} 为微电网满足负荷的用电量；E_{total} 为负荷的总用电量；$E_{grid\text{-}in}$ 为微电网的购电总量。

2. 自发自用率

并网型微电网发电过程的特点是优先使用风力发电和光伏发电等可再生能源，在有余量时可以考虑上网。把一定时间内微电网用于供内部负荷需求的发电量比例称为自发自用率，即

$$R_{suff}=\frac{E_{self}}{E_{DG}}\times 100\% \tag{4-24}$$

式中，R_{suff} 为自发自用率；E_{self} 为微电网本身的实际发电量；E_{DG} 为分布式电源总发电量。

自发自用率在一定程度上反映了并网型微电网自身发电量对于负荷的满足程度。自发自用率与自平衡率是有区别的：自平衡率主要评价对负荷的供电量与自身发电量的占比情况；而自发自用率主要指微电网发电量用于内部负荷的占比情况。两个概念存在很大的差别，前者反映了微电网内部负荷对微电网的依赖关系，而后者反映了微电网发电的利用程度。

3. 冗余率

并网型微电网通常采用“自发自用和余量上网”的运行原则，在满足内部负荷供电需求的基础上将多余的电量送入大电网，向大电网售电。冗余率是指在一

定时间内或某个周期内微电网发电的上网量与发电总量的比例关系，即

$$R_{redu}=\frac{E_{grid\text{-}out}}{E_{DG}}\times 100\% \tag{4-25}$$

式中，R_{redu} 为冗余率；$E_{grid\text{-}out}$ 为向大电网的售电量；E_{DG} 为分布式电源的总发电量。

冗余率在一定程度上反映了微电网与大电网的电量交易行为。冗余率高，说明微电网的发电能力强，售电量大。另外，冗余率与自发自用率存在一定的联系，在不考虑各种损耗的情况下，自发自用率与冗余率的求和为 1，两者各自的权重证明了运行方式的基本特征。目前，大多数微电网中利用了风力发电和光伏发电，由于两者在发电时具有随机性和间歇性，所以为保证微电网独立运行时内部负荷的供电连续性和可靠性，一般还需要增设储能系统。

（二）第二类指标

第二类指标主要从微电网设备构成方面的联络线利用率、设备利用率等基本概念进行讲述。

1. 联络线利用率

联络线是连接微电网与大电网的通道，承担着电能与信号的传输任务。当微电网供电不足时可以向大电网购电。相反，当微电网有多余电能时又可通过联络线送电。因此，联络线利用率是指在一定的周期内，微电网向大电网交换的功率与线路所承担的最大功率的比例关系，即

$$K_{tieline}=\frac{E_{grid\text{-}in}+E_{grid\text{-}out}}{E_{tieline}}\times 100\% \tag{4-26}$$

式中，$K_{tieline}$ 为联络线利用率；$E_{grid\text{-}in}$ 为微电网购电电量；$E_{grid\text{-}out}$ 为微电网的售电电量；$E_{tieline}$ 为额定负荷下一年的总输送功率。

高渗透率的微电网接入对大电网的影响较大，并给传统大电网的稳定运行带

来新的问题，其中包含了联络线利用问题。并网型微电网自身具备发电功能，导致联络线及其他接入设备都处于低负荷率的运行方式下，传统设备利用率不高。

2. 设备利用率

典型的微电网设备有 3 类：可控型电源，如微型燃气轮机、柴油发电机等；不可控型电源，如光伏发电和风力发电；储能设备，如蓄电池、超级电容等。其中，可控型电源和储能设备受控制策略影响最大。并网型微电网系统在配置方面容量相对较小，同时利用率也低；而独立型微电网系统的可控型电源的利用率相对较大。一般情况下，并网型微电网的设备往往使用不可控型电源，尽可能多地利用可再生能源发电，其利用率通常表示为可再生能源的利用率。

（三）第三类指标

第三类指标包括自平滑率、网络损耗、稳定裕度等。

1. 自平滑率

并网型微电网与大电网的功率交换通过联络线完成，同时也受负荷波动影响。为了充分体现微电网与大电网的友好互动，将自平滑率作为衡量并网型微电网的重要指标，可以表示为

$$k_{line}=\sqrt{\frac{1}{n-1}\sum_{i=1}^{n}(P_{line,\ i}-P_{line})} \tag{4-27}$$

式中，k_{line} 为自平滑率；$P_{line,\ i}$ 为 i 时刻联络线功率；P_{line} 为评估周期内联络线功率。

针对并网型微电网，较大功率的风/光/储显然有利于提升负荷供电率，但因为存在随机性和间隙性的特点，负荷波动变大甚至剧烈。过大的微电网功率可能导致大电网的运行不稳定，因此，在进行优化配置时，有必要对联络线功率波动情况做深入考量。

2. 网络损耗

并网型微电网中含有多个分布式电源，所以各电源的电流流向不再单一，这将引起网络损耗的额外增加。下面分两种情况分别讨论：

（1）各节点的负荷用电量大于分布式电源的供电量，因此使潮流有减小的趋势，网络损耗自然会降低；

（2）至少一个节点的负荷用电量小于分布式电源的供电量，但总负荷大于微电网的供电量，因此，虽然部分线路由于潮流反向，可能导致潮流损耗增加，但线路的总体损耗会降低。

3. 稳定裕度

并网型微电网的接入能够有效改善电网的电压分布，因此在分布式电源和储能系统的选址过程中，还需要考虑电压的稳定裕度。稳定裕度的概念反映了电网电压的状态：系统无负荷时电压稳定裕度为零；系统电压崩溃时电压稳定裕度为 1。因此，电压稳定裕度越大，说明该节点的电压越容易崩溃，直观地反映了负荷节点在当前运行方式下与电压崩溃点的距离，不需要计算电压崩溃点即可判断稳定性。

二、并网型微电网的运行特点

（一）并网型微电网接入的基本要求

并网型微电网的接入类似大电网，在结构设计方面主要考虑一次部分和二次部分。在确定电压等级的基础上设计一次部分的电气参数，包括主回路、变压器配置、容量设计等；二次部分主要包括电气信号的检测、自动装置、保护装置以及通信等。

1. 并网型微电网的电压等级

并网型微电网的电压等级设置首先要考虑当地经济技术条件，其次要考虑与大电网的交换总功率需求。目前常见的并网型微电网接入电压等级为 10kV、220V、380V。

2. 并网型微电网的组网方案

并网型微电网的组网方案需要根据发电规模、负荷类型、当地自然资源情况综合考虑。若存在多个备选方案，则可从电气计算、经济技术条件等方面选出最佳方案。在确定电压等级的基础上考虑出线方向、回路，计算导线或电缆截面、变压器容量以及采用的无功补偿方法和电能质量监控体系等。

3. 公共点的设计原则

并网型微电网可以以并网和孤岛两种状态运行，而这两种状态的转换需要有确定的公共点并装设性能卓越的静态开关，以满足监测大电网故障或不正常工作状态以及并网的同期监测要求。

4. 并网型微电网的继电保护

并网型微电网的保护设计可以参考传统的配电网保护方案。由于并网型微电网内部的电源种类各异、容量不同并受环境因素影响，可能导致网内潮流发生不确定的流动现象，因而在保护策略方面比传统保护方法稍显复杂，但实际中还是首选电流保护、方向保护等典型方法。

（二）并网型微电网的接入方式

并网型微电网接入大电网的方式有很多种，如图 4-8 所示为两种典型的接入方式，其主要区别在于接入的电压等级不同。

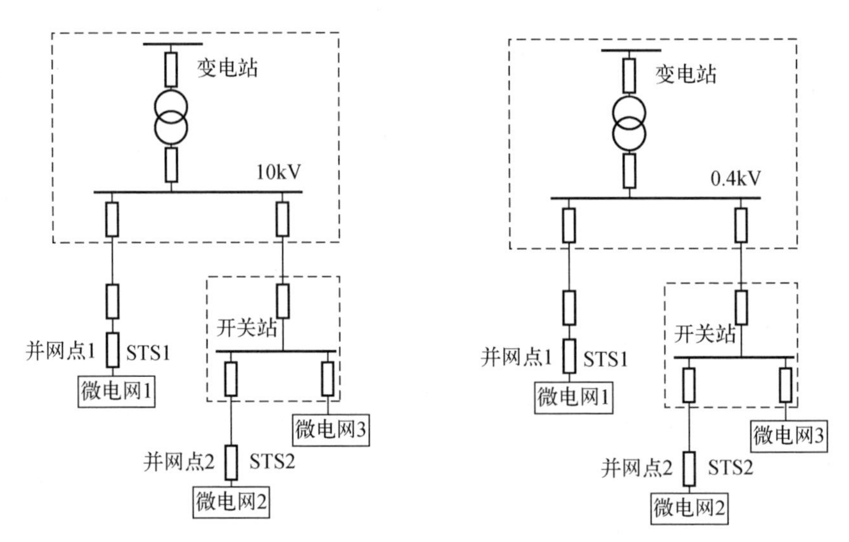

图 4-8 微电网典型接入方式

三、并网型微电网的运行控制策略

（一）母线功率控制

并网型微电网中光伏、风机等出力变化以及大容量负荷的投切，均可导致电网功率波动，甚至引发母线电压偏离额定值或引起电能质量问题。通过母线功率控制可以在很大程度上抑制由于可再生能源发电带来的功率波动现象。母线功率控制采用微电网内部功率调节方式，使母线传输功率满足一定的运行目标和调度计划，获取母线功率补偿，提升微电网并网性能。

目前，并网型微电网母线功率控制方法有两类：第一，基于专家系统的控制策略，在实时计算功率补偿量的基础上，主要采用储能装置进行调节；第二，根据预期的调度计划核算功率补偿量，然后调节储能装置的功率输出。

（二）专家系统

专家系统实质上借助的是控制原理中的闭环反馈策略，即将母线交换的功率与预期设定的功率进行比较，利用储能充放电手段进行功率补偿以达到减小功率波动或削峰填谷的效果。专家系统包括最大功率运行控制策略、功率平滑控制策略、系统自平衡控制策略、限功率运行策略以及储能充电控制策略等。

1. 最大功率运行控制策略

最大功率运行控制策略主要针对可再生能源发电的光伏和风机系统。微电网并网时应尽可能地多利用自然资源。特别地，针对一些容量较小的可再生能源发电系统（这些设备发电容量较小，不会对大电网造成不良影响），建议按照最大功率运行控制，当电量不足时，还可以向大电网购电。因此，储能系统基本上保持不动，也就是说，储能系统的功率补偿为零，即

$$\Delta P_{obj,\,t} = 0 \tag{4-28}$$

式中，$\Delta P_{obj,\,t}$ 为 t 时刻的母线功率偏差。

2. 功率平滑控制策略

功率平滑控制策略主要解决可再生能源出力小和负荷波动大这一特殊情形。当夜间的风电功率小，负荷也不大时，风力发电的功率波动对配电网的影响较大，所以采用储能系统来满足净负荷的功率需求，母线的功率控制目标为零，因此储能系统的功率补偿目标为净负荷的总量，即

$$\Delta P_{obj,\,t} = P_{nl,\,t} \tag{4-29}$$

式中，$P_{nl,\,t}$ 为 t 时刻微电网的净负荷。

此外，根据并网型微电网内部的发电情况，可以设置母线功率的控制目标 $P_{ctl,\,t}$，储能装置的功率补偿目标也应该做进一步修改，表示为

$$\Delta P_{obj,\,t} = P_{nl,\,t} - P_{ctl,\,t} \tag{4-30}$$

式中，$P_{ctl,\,t}$ 为母线功率设定值。若 $P_{ctl,\,t} < 0$，则表示微电网以恒定功率售电；若 $P_{ctl,\,t} > 0$，则表示微电网以恒定功率购电。

3. 系统自平衡控制策略

系统自平衡控制策略主要应用于可再生能源发电有余量并存在负荷功率波动大的情况。

可再生能源发电采用“自发自用、余量上网”的原则，当系统功率不足（$P_{ctl,t}>0$）时，储能系统满足净负荷需求；当过剩功率超过限制值（$P_{nl,t}<P_{set}$）时，储能系统吸收多余功率；当过剩功率处于$\left[P_{set},\ 0\right]$时，储能系统停止工作，多余电量上网。储能系统功率补偿的目标为

$$\begin{cases}\Delta P_{obj,t}, & P_{nl,t}>0\\ 0, & P_{set}\leqslant P_{nl,t}\leqslant 0\\ P_{nl,t}-P_{set} & P_{nl,t}<P_{set}\end{cases} \tag{4-31}$$

式中，P_{set}为母线功率的自平衡限制值。

4. 限功率运行策略

限功率运行策略主要针对微电网发电有过剩功率的情况。若可再生能源发电有多余功率或在较短时间内不能满足负荷需求，为了减少储能系统的频繁充电、放电转换（一般情况下不考虑储能系统放电情况），特别设置了一个限制值，只有当系统功率超过这个限制值$P_{\min}$时，储能系统才吸收过剩功率。储能系统的功率补偿目标为

$$\Delta P_{obj,t}=\begin{cases}0, & P_{nl,t}\geqslant P_{\min}\\ P_{nl,t}-P_{\min}, & P_{nl,t}<P_{\min}\end{cases} \tag{4-32}$$

式中，$P_{\min}$是母线功率反向送电限制值。

由于可再生能源发电功率过剩，所以相对于系统自平衡控制策略，限功率运行策略减少了储能系统的放电过程。但系统显然不能长期处于限功率运行，只能用于某些特殊时段，如中午的光伏发电高峰时段等。

5. 储能充电控制策略

为保证充电的高效性和经济性，储能充电控制策略主要包括充电方法选取、充电策略的自动转换、荷电状态的判别以及停止充电等几个环节。目前，蓄电池充电的常见方法主要有恒流充电、限压充电、浮充充电以及智能充电等。恒流充电是以恒定的电流为蓄电池充电，充电过程往往通过调节充电电压来维持电流的恒定，特别适合于小电流且长时间的充电方式。限压充电是以恒定的电压对蓄电池进行充电的方法。由于蓄电池在初始充电过程中电势较低，因而充电电流较大，缩短了充电时间，随着电势的升高，充电电流逐渐减小，大大减缓了蓄电池的过充现象。与恒流充电相比，限压充电更加接近于最佳充电曲线。浮充充电是蓄电池在接近充满时仍以恒定的浮充电压和较小的浮充电流进行充电的方式，是蓄电池自放电的一种平衡充电策略。智能充电在整个充电过程中，始终考虑蓄电池的可接受充电需求，结合多阶段充电方法，保证蓄电池使用的经济性，不仅能缩短充电时间，而且减小了充电后期的气体析出现象，降低了对蓄电池极板的电流冲击。

第五章　微电网的保护方法

微电网和常规电力系统一样，要满足安全稳定运行的要求，其继电保护原则必须满足可靠性、速动性、灵敏性、选择性。微电网并网运行时，其潮流实现了双向流动，即潮流可以由配电网流向微电网，也可以由微电网流向配电网，其双向流动的特点改变了常规配电网单向流动的特征，同时微电网接入采用了电力电子技术实现的“柔性”接入，其电源特征与常规的“旋转”发电机发电接入不同，从而对常规的配电网继电保护带来影响。本章以微电网的保护方法为前提，详细介绍了电路故障逆变时的输出特性及双制动功率检测的纵向保护。

第一节　微电网故障及保护概述

一、分布式电源接入的保护特点

分布式电源的接入对保护的影响是多方面的，主要表现在能够改变附近节点的短路容量，影响线路保护的灵敏度，甚至会出现保护的误动或拒动现象。下面采用如图 5-1 所示的结构进行分析说明。大电网经隔离变压器及静态开关连接于母线 A 上，QF_i（$i=1\sim6$）为断路器，R_i（$i=1\sim6$）为线路等值电阻，i_i（$i=1\sim6$）为故障电流，F_i（$i=1\sim3$）表示故障位置。

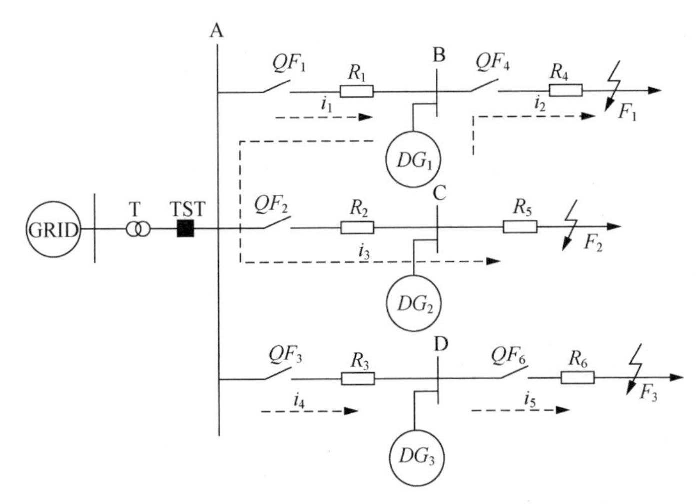

图 5-1　分布式电源接入对保护的影响

（1）分布式电源的接入，降低了对线路保护的灵敏性。

假设故障点 F_1 位于分布式电源 DG_1 的下游，在 DG_1 容量一定的情况下，流经 QF_4 的电流增大，有利于该保护动作。但分布式电源的分流作用，致使远后备 QF_1 测到的故障电流小于相同位置故障时无分布式电源接入的电流，降低了 QF_1 的动作灵敏性，不利于后备保护动作，甚至有可能造成保护的拒动现象。

（2）分布式电源的接入，造成了不必要的保护误动现象。

假设故障点 F_2 位于电源 DG_2 的下游，此时 DG_2 将向故障点提供正向短路电流，而 DG_1 则经 QF_1 向故障点提供反向电流。若该电流足够大，可能会造成保护 QF_1 误动作，使分布式电源所在线路无故障动作。显然，DG_1 与 F_2 的距离越近，则反向电流越大。

（3）分布式电源的接入，对自动重合闸也有影响。

为使电力系统的瞬时性故障能够快速恢复，保护装置往往设有自动重合闸。但当分布式电源接入后，线路两侧将连接有独立的工作电源，如 QF_2 两侧均有电源。这就要求在自动重合闸动作前确保分布式电源停止工作，否则自动重合闸时可能由于电源间的不同步而再次跳闸。

（4）分布式电源的接入，对保护范围也有影响。

假设故障点 F_3 发生在电源 DG_3 的下游，若分布式电源容量不变，对于同一点故障，则流经下游侧保护处的电流增大，而流经上游侧保护处的电流减小。例如，D 母线左右两侧的电流 i_4 将减小，i_5 将增大，也就是 QF_6 的保护范围增大，而 QF_3 的保护范围减小。

二、短路故障电流计算原理

电力系统的故障类型多以单相接地为主，占全部故障的 80%以上。对于中性点直接接地系统，单相接地故障时，要求保护迅速动作；对于中性点不接地系统或经消弧线圈接地的系统，故障后可以短时带电继续运行，但要求尽快寻找接地点并进行隔离。两相接地短路故障概率一般不超过 10%。两相短路及三相短路故障相对较少，概率一般不超过 5%，但这种故障比较严重，故障后均要求快速切除。

对称分量法是分析故障电流的常用方法。其基本原理为：一组不平衡电流和电压均可以分解为 3 组三相平衡电流和电压的叠加，分别称为正序、负序和零序分量。对称分量与不对称分量的关系可表示为

$$\begin{bmatrix}\dot{F}_a\\ \dot{F}_b\\ \dot{F}_c\end{bmatrix}=\begin{bmatrix}1&1&1\\ \alpha^2&\alpha&1\\ \alpha&\alpha^2&1\end{bmatrix}\begin{bmatrix}\dot{F}_{\alpha(1)}\\ \dot{F}_{\alpha(2)}\\ \dot{F}_{\alpha(0)}\end{bmatrix}\text{或}\begin{bmatrix}\dot{F}_{\alpha(1)}\\ \dot{F}_{\alpha(2)}\\ \dot{F}_{\alpha(0)}\end{bmatrix}=\frac{1}{3}\begin{bmatrix}1&1&\alpha^2\\ 1&\alpha^2&\alpha\\ 1&1&1\end{bmatrix}\begin{bmatrix}\dot{F}_a\\ \dot{F}_b\\ \dot{F}_c\end{bmatrix} \tag{5-1}$$

式中，下标 a、b、c 为电参数的各相，下标 1、2、0 为正序、负序和零序分量，矩阵中的 α 表示旋转因子，$\alpha=\mathrm{e}^{j120°}$。

1. 三相短路故障 $\left[k^{(3)}\right]$

由于三相短路属于对称短路，分析时可以取其中一相进行。如图 5-2 所示为 k 点发生金属性三相短路的情况，E 为电源电动势，边界条件为

$$\dot{U}_{ka}=\dot{U}_{kb}=\dot{U}_{kc}=0 \tag{5-2}$$

显然，$\dot{I}_{ka2}=\dot{I}_{ka0}=0$，即三相短路没有负序和零序分量。故障点的正序电流即为三相短路电流：

$$\dot{I}_{ka}=\dot{I}_{k1}=\frac{\dot{E}}{Z_1} \tag{5-3}$$

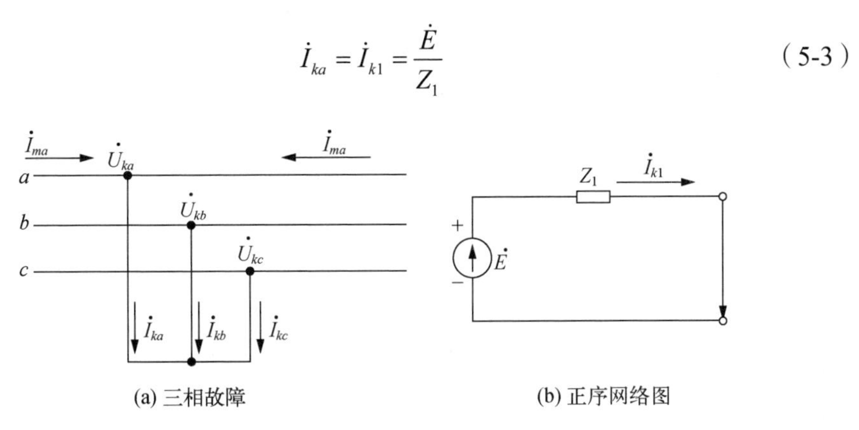

图 5-2　三相短路故障原理图

2. 单相接地故障$\left[k^{(1)}\right]$

假设 a 相接地，则边界条件为

$$\begin{cases}\dot{U}_{ka}=0\\ \dot{I}_{kb}=0\\ \dot{I}_{kc}=0\end{cases} \tag{5-4}$$

采用对称分量法，将式（5-4）用相序分量表示时可得到

$$\begin{cases}\dot{U}_{k1}+\dot{U}_{k2}+\dot{U}_{k0}=0\\ \dot{I}_{k1}=\dot{I}_{k2}=\dot{I}_{k0}\end{cases} \tag{5-5}$$

所以单相接地故障的原理与复合序网络图如图 5-3 所示。

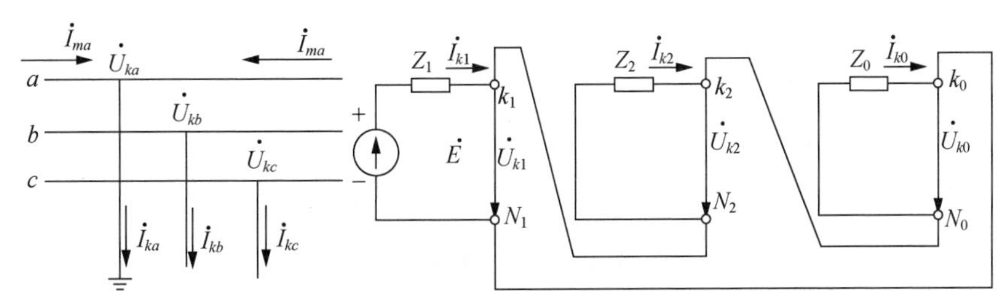

图 5-3　单相接地故障的原理与复合序网络图

由复合序网络图可知，故障处的三序电流表示为

$$\dot{I}_{k1}=\dot{I}_{k2}=\dot{I}_{k0}=\frac{\dot{E}}{Z_1+Z_2+Z_0} \tag{5-6}$$

故障相的短路电流表示为

$$\dot{I}_k=3\dot{I}_{k1} \tag{5-7}$$

则故障处的三相电压表示为

$$\begin{cases}\dot{U}_{ka}=\dot{U}_{k1}+\dot{U}_{k2}+\dot{U}_{k0}=0\\ \dot{U}_{kb}=\alpha^2\dot{U}_{k1}+\alpha\dot{U}_{k2}+\dot{U}_{k0}=0\\ \dot{U}_{kc}=\alpha\dot{U}_{k1}+\alpha^2\dot{U}_{k2}+\dot{U}_{k0}=0\end{cases} \tag{5-8}$$

若忽略电阻，则

$$\begin{aligned}\dot{U}_{kb}&=\alpha^2(\dot{E}_a-\dot{I}_{k1}jx_1)+\alpha(-\dot{I}_{k2}jx_2)-\dot{I}_{k0}jx_0\\ &=\dot{E}_b-\dot{I}_{k1}j(x_0-x_1)\\ &=\dot{E}_b-\frac{\dot{E}_b}{j(2x_1-x_0)}\\ &=\dot{E}_b-\dot{E}_a\frac{k_0-1}{2+k_0}\end{aligned} \tag{5-9}$$

同理有

$$\dot{U}_{kc}=\dot{E}_c-\dot{E}_a\frac{k_0-1}{2+k_0} \tag{5-10}$$

式中：$k_0=x_0/x_1$。

当$k_0<1$时，非故障相电压较正常时有所降低。若$k_0=0$，则

$$\dot{U}_{kb}=\dot{E}_b+\frac{1}{2}\dot{E}_a=\frac{\sqrt{3}}{2}\dot{E}_b\angle 30^\circ$$

$$\dot{U}_{kc}=\dot{E}_c\frac{\sqrt{3}}{2}\dot{E}_c\angle-30^\circ$$

当$k_0=1$时，$\dot{U}_{kb}=\dot{E}_b$，$\dot{U}_{kc}=\dot{E}_c$，故障后非故障相电压不变。

当$k_0>1$时，故障后非故障相电压较正常时升高，最严重的情况为$x_0=\infty$，则$\dot{U}_{kb}=\dot{E}_b-\dot{E}_a=\sqrt{3}\dot{E}_b\angle-30^\circ$，$\dot{U}_{kc}=\dot{E}_c-\dot{E}_a=\sqrt{3}\dot{E}_c\angle 30^\circ$，即中性点不接地系统

发生单相接地故障，中性点电位升高为相电压，而非故障相电压升高至线电压。如图 5-4 所示为 a 相接地时，故障点各序电流、序电压以及合成相量，并假设 $x_0 > x_1$，其他相量均以 $\dot{E}_a$ 为参考相量。

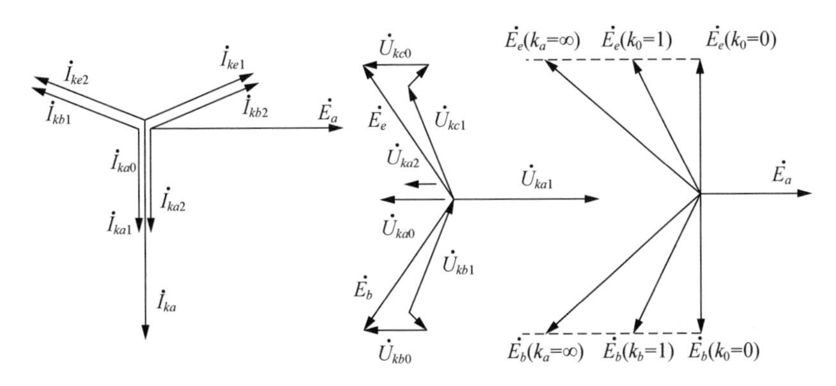

图 5-4　a 相短路接地故障处的向量图

3. 两相短路故障$\left[k^{(2)}\right]$

如图 5-5 所示为 k 点处发生 b、c 两相金属性短路故障，该点的电压与电流具有下列边界条件：

$$\begin{cases}\dot{I}_{ka}=0\\ \dot{I}_{kb}=-\dot{I}_{kc}\\ \dot{U}_{kb}=\dot{U}_{kc}\end{cases} \tag{5-11}$$

则对称分量的表达式为

$$\begin{bmatrix}\dot{I}_{k1}\\ \dot{I}_{k2}\\ \dot{I}_{k0}\end{bmatrix}=\frac{1}{3}\begin{bmatrix}1 & \alpha & \alpha^2\\ 1 & \alpha^2 & \alpha\\ 1 & 1 & 1\end{bmatrix}\begin{bmatrix}0\\ \dot{I}_{kb}\\ -\dot{I}_{kb}\end{bmatrix} \tag{5-12}$$

即

$$\begin{cases}\dot{I}_{k0}=0\\ \dot{I}_{k1}=-\dot{I}_{k2}\end{cases} \tag{5-13}$$

由于两相短路时并没有与大地短接，所以零序电流无法形成回路，这证实了两相短路无零序电流分量。

同理

$$\begin{aligned}\dot{U}_{kb} &= \alpha^2\dot{U}_{k1} + \alpha\dot{U}_{k2} + \dot{U}_{k0} \\ &= \dot{U}_{kc} = \alpha\dot{U}_{k1} + \alpha^2\dot{U}_{k2} + \dot{U}_{k0}\end{aligned} \tag{5-14}$$

即

$$\dot{U}_{k1} = \dot{U}_{k2} \tag{5-15}$$

根据式（5-10）和式（5-12）得到的复合序网络图（图 5-5）。

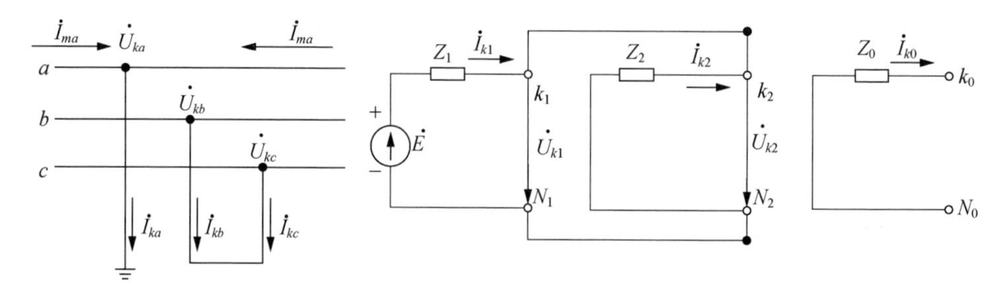

图 5-5　两相接地故障与复合序网络图

由复合序网络图可计算出正序分量电流为

$$\dot{I}_{k1} = -\dot{I}_{k2} = \frac{\dot{E}}{Z_1 + Z_2} \tag{5-16}$$

因此故障相电流为

$$\dot{I}_{kb} = \alpha^2\dot{I}_{k1} + \alpha\dot{I}_{k2} = (\alpha^2 - \alpha)\frac{\dot{E}}{Z_1 + Z_2} = -j\sqrt{3}\frac{\dot{E}}{Z_1 + Z_2} \tag{5-17}$$

$$\dot{I}_{kc} = \alpha\dot{I}_{k1} + \alpha^2\dot{I}_{k2} = (\alpha - \alpha^2)\frac{U_a}{Z_1 + Z_2} = j\sqrt{3}\frac{U_a}{Z_1 + Z_2} \tag{5-18}$$

若正序阻抗与负序阻抗相等，则两相短路电流是三相短路电流的 0.866 倍。

4. 两相接地短路故障$\left[k^{(1,1)}\right]$

如图 5-6 所示为两相（b，c）接地短路故障及复合序网络图，其边界条件为

$$\begin{cases}\dot{I}_{ka}=0\\ \dot{U}_{kb}=\dot{U}_{kc}=0\end{cases} \tag{5-19}$$

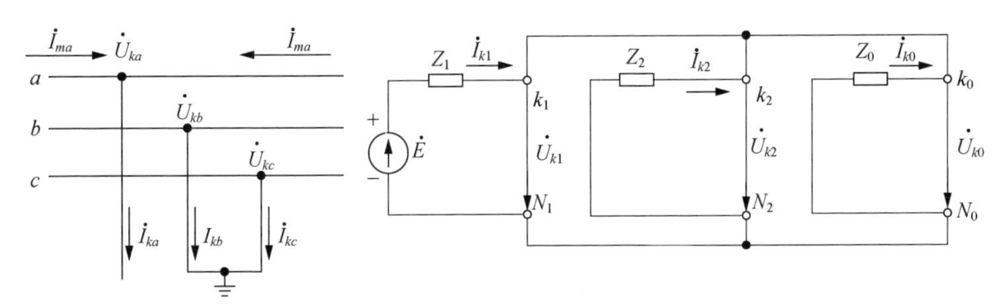

图 5-6 两相接地短路故障及复合序网络图

将其转换为对称分量的形式为

$$\begin{cases}\dot{U}_{k1}=\dot{U}_{k2}=\dot{U}_{k0}\\ \dot{I}_{k1}=\dot{I}_{k2}=\dot{I}_{k0}=0\end{cases} \tag{5-20}$$

由复合序网络图可求得故障处的各序电流为

$$\begin{cases}\dot{I}_{k1}=\dfrac{\dot{E}}{Z_1+\dfrac{Z_2Z_0}{Z_2+Z_0}}\\ \dot{I}_{k2}=-\dot{I}_{k1}\dfrac{Z_0}{Z_2+Z_0}\\ \dot{I}_{k0}=-\dot{I}_{k1}\dfrac{Z_2}{Z_2+Z_0}\end{cases} \tag{5-21}$$

故障相的短路电流为

$$\dot{I}_{kb}=\alpha^2\dot{I}_{k1}+\alpha\dot{I}_{k2}+\dot{I}_{k0}=\dot{I}_{k1}\left(\alpha^2-\frac{Z_2+\alpha Z_0}{Z_2+Z_0}\right) \tag{5-22}$$

$$\dot{I}_{kc}=\alpha\dot{I}_{k1}+\alpha^2\dot{I}_{k2}+\dot{I}_{k0}=\dot{I}_{k1}\left(\alpha-\frac{Z_2+\alpha^2 Z_0}{Z_2+Z_0}\right) \tag{5-23}$$

第二节 微电网的保护技术及策略

一、微电网保护技术

采用电力电子设备作为接口的分布式电源，由于逆变器对故障电流的限制作用，不可能真实地反映故障电流大小，这就造成了微电网在孤岛运行模式下传统的过电流保护方法可能不再奏效，严重威胁设备的安全与稳定运行，因此，必须探索一种新的适用于微电网的可行保护方案。

针对微电网运行模式多样及故障特性差异较大这一特殊现象，可以从故障发生机理与保护策略两方面入手，讨论微电网保护的关键技术。通过分析微电网故障后的电压、电流以及阻抗变化等特征，提出一种含双制动与功率方向检测的纵联差动保护方案。该方案适用于微电网并网与孤岛两种典型运行模式，不受分布式电源控制策略的影响，具有判别故障速度快、可靠性高、选择性好等优点。

目前，国内外有关微电网的保护方案主要有 3 类：第一类方案以通信系统为基础，实现微电网状态参量及故障信息的检测，保护方法通常将本地电气量与微电网远程信息对比作为动作判据。这种方案的通信速度快，系统信息量丰富，微电网主保护与后备保护硬件配置简单，成本低廉。第二类方案主要针对中性点接地的微电网系统进行讨论，方案中仅采用序分量的幅值反映微电网中的不对称短路故障。显然，该方案应用范围有限，且由于电源阻抗与控制方式存在耦合关系，因而保护整定难度较大。第三类方案借鉴了传统配电网保护原理，根据微电网故障特征及约束条件对判据做了进一步改进，以满足微电网保护的要求。这类保护方案几乎不受系统运行方式的影响，但由于故障电流幅值大为减小，可能会使保护的可靠性和选择性无法满足要求。

（一）微电网保护要求

目前，对于微电网的结构、规模及电压等级并无严格规定，对微电网的保护要求也没有明确的规范说明，但大量分布式电源的接入必将影响微电网的稳定运行及潮流分布。由于微电网内部电源类型各异、组网方式不同，为规范分布式电源并网发电标准，充分发挥可再生能源效益，提高电能质量，2003 年初，美国 IEEE 制定并颁布的 IEEE 1547 规约规定：当分布式发电系统发生故障时，分布式电源应立即停止工作，以减少对故障部件的电流注入。含逆变器的电源由于受电子器件的耐压与过流能力的影响，逆变电源输出电流的幅值限制在 1.5 ~ 2 倍额定电流。因此采用传统过电流原理检测的保护将无法实现。

此外，在线路的自动重合闸规约方面，IEEE 1547 规定了分布式电源必须在自动重合闸重合之前停止功率输出，以保证故障点电弧充分熄灭，提高了自动重合闸的动作概率，防止由于分布式电源的接入而导致非同期重合带来的电流冲击影响。当系统电压波动偏离额定值时，分布式电源必须在规定的时间内停止工作。IEEE 1547 规定的电压波动及电源切除时间见表 5-1。当系统频率发生波动，偏离额定值时，分布式电源应能够在规定的时间内停止工作。IEEE 1547 规定的频率波动及电源切除时间见表 5-2。该标准的颁布实施，对于国内微电网接入标准的制订具有重要参考价值，对于微电网保护技术具有一定的指导意义。

表 5-1　IEEE 1547 规定的电压波动及电源切除时间

电压波动范围（p.u.）	电源切除时间/s
＜0.5	0.16
0.5 ~ 0.88	2.00
1.1 ~ 1.2	1.00
＞1.2	0.16

表 5-2 IEEE 1547 规定的频率波动及电源切除时间

电源容量/kW	频率波动范围/Hz	电源切除时间/s
≤30	>60.5	0.16
	<59.3	0.16
>30	>60.5	0.16
	59.8 ~ 57	0.16 ~ 300
	<57	0.16

（二）微电网保护原理

要完成微电网及配电网系统的保护任务，首先必须区分系统的正常、不正常和故障 3 种运行状态。而要区分不同运行状态就必须找出电力元件在这 3 种运行状态下的可测量（主要指电气参量）的差异，提取这些量的差异以构成不同原理的保护方法。目前，传统保护方法所采集的故障量为故障元件的正序电压、电流分量、负序电压、电流以及功率方向等。通过这些差异特征量的提取即可形成新的保护原理和方法。常见的保护方法主要有以下几类。

1. 低电压保护

低电压保护是指靠检测系统电压低于额定电压而动作的保护方法，属于欠量保护范畴。正常运行时，微电网公共点电压的波动为（5% ~ 10%）Ux。短路后，母线电压均有不同程度的降低，短路点距离保护装置越近，则电压降低得越多。

2. 阻抗保护

阻抗保护是指利用被保护设备故障时电压降低和电流增大的特征，并采用计算阻抗的方法构成的保护方法。系统正常时，计算阻抗为额定阻抗，该值较大，功率因数角比较小；相反，当系统故障时，计算阻抗为故障设备阻抗，该值较小，功率因数角很大。

3. 序分量保护

序分量保护是利用系统故障时产生的负序和零序分量而设的保护方法。由于系统正常运行期间不会产生负序与零序分量，若有幅值较小的负序分量出现，多数是由于负荷不对称或重合闸三相触头不同期动作所致，均属于正常现象。而发生不对称短路故障时会出现较大幅值的序分量，利用该分量进行故障判别可以得到较好的保护选择性，同时该方法具有保护动作快、可靠性高等优点。

以上 3 种保护在传统大电网保护中获得了较广泛的应用，而对于低压微电网而言，由于线路电阻较大，分布式电源容量有限，若故障发生在电源的近端，此时由于故障电压与电流变化明显，能够较容易地确定故障点并快速切除，保护的可靠性与选择性较好；相反，若故障发生在距电源较远处，逆变电源的输出电流受限，导致故障后电参量变化不明显，可能使保护产生一定的盲区。

4. 电流保护

电流保护是利用系统发生故障时电流增大的特性构成的保护方法。电流保护是各类电器元件故障保护的最重要方式。与传统配电网保护方法相比，微电网在运行方式、故障特征和保护需求方面都具有一些自身的特点。微电网的电流保护仍然是其主要的保护方法，并且适用于微电网的并网和孤岛两种运行模式。电流保护仍可以参考传统电网的三段式保护原理。多数情况下，微电网与外部大电网并网运行，当发生故障时，故障电流仍然由大电网提供，该值相对较大，微电网内部保护可按传统电流保护方法进行设计。

在接入分布式电源之后，会使配电网的某些支路变为双电源供电方式，下面将对双侧电源供电线路适用的电流速断保护、限时电流速断保护、过电流保护以及方向电流保护进行深入讨论。

（1）电流速断保护。接入分布式电源后的系统潮流分析、计算方法可以借鉴传统电网的双侧电源供电原理，至于分布式电源容量有限、工作特性受电力电子器件制约等固有特性，基本不会影响分析结果。如图 5-7 所示为双侧电源网络电流速断保护原理。左侧电源表示无穷大电网，右侧为分布式电源，k_1、k_2 为模拟故障点，A、B 为母线，QF_1、QF_2 表示两个保护，曲线①、②、③、④分别表示大电网输出的短路电流、分布式电源输出的短路电流、双电源的保护整定电流值以及修改启动电流整定值。由于两个电源的容量不同，因此故障电流有较大差别。

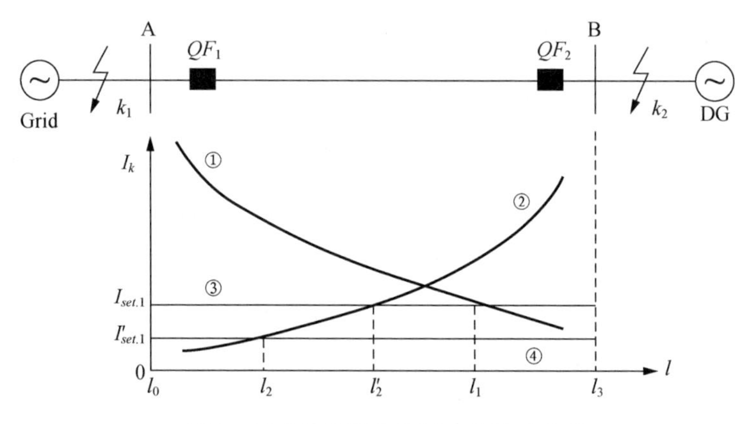

图 5-7　双侧电源网络电流速断保护原理

当任一侧区外相邻线路出口处短路时，短路电流 I_{k1}、I_{k2} 要同时流过两侧的保护，此时如果设置选择性保护元件，两个保护均不应该动作，因此这两个保护的动作整定值应该选择相同，并且按照较大的一个短路电流作为参考进行整定。

例如，当 $I_{k1\max} > I_{k2\max}$ 时，应该取 $I_{set.1} = I_{set.2} = k_{rel} I_{k1\max}$。式中，$I_{set.1}$、$I_{set.2}$ 为保护 QF_1、QF_2 的启动电流整定值，k_{rel} 为电流速断保护的可靠系数，一般取 1.2 ~ 1.3。这样整定的结果，将使分布式电源的保护范围大大缩小。两端的电源容量相差越多，则对分布式电源的保护影响将越大。

为了解决这个问题，需要在分布式电源侧增加电流方向检测，使其只在电流从母线流向被保护的线路时动作，这样保护 QF_2 的启动电流就可以按照躲过 k_2 点的短路电流来整定，也就是选择 $I'_{set.1} = I'_{set.2} = k_{rel} I_{k2\max}$ 作为电流启动整定值。

从如图 5-8 所示的保护范围可以看出：修订启动电流后，曲线①的保护范围由$l_0 \sim l_1$变化为保护线路全长；曲线②的保护范围由$l_2 \sim l_3$变化为$l_2' \sim l_3$。可见在微电网的保护策略上增加方向元件能够扩大保护范围，对保护的选择性要求较为有利。

（2）限时电流速断保护。作为电流速断保护的近后备，为了增加保护范围，限时电流速断保护要求能够保护本线路全长，所以故障电流的动作整定值需要与相邻下级电流速断保护相配合。由于微电网内部的分布式电源较多，针对短路电流的计算与传统电网差别较大，这时需要重点考虑各电源的接入对故障电流的变化所发挥的助增作用，它将直接影响保护的动作整定值。含助增电流分支的短路电流分布曲线如图 5-8 所示。

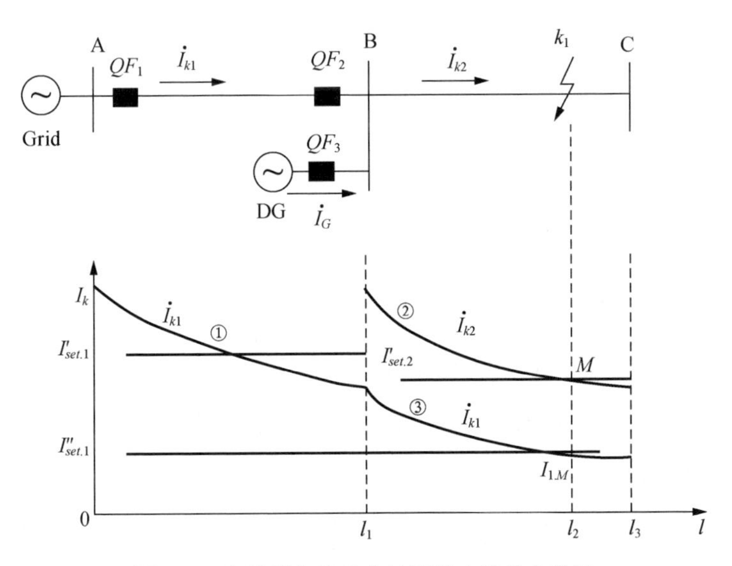

图 5-8　含助增电流分支的短路电流分布曲线

当k_1点短路时，故障线路中的短路电流$\dot{I}_{k2}$由大电网与分布式电源共同提供，电流值为

$$\dot{I}_{k2} = \dot{I}_{k2} + \dot{I}_G > \dot{I}_{k1} \tag{5-24}$$

一般地，称 DG 为分支电源，而QF_2断路器采用电流速断保护的整定值仍然按躲开相邻下级线路出口的短路电流为依据，表示为$I'_{set.2}$，保护范围到M点结束。

与此相对应，断路器 QF_1 的限时电流速断保护整定值应大于图中 k_2 点的短路电流，幅值表示为 $I_{1.M}$。这里断路器 QF_1 的限时电流速断保护应整定为

$$I''_{set.1} = k''_{rel} I_{1.M} \tag{5-25}$$

基于图 5-8 的情形，k_1 点的故障电流由 Grid 和 DG 两电源提供。为区分两者注入的电流比例关系，这里引入了分支系数 k_b 的概念。

$$k_b = \frac{\text{故障线路流过的短路电流}}{\text{前级保护所在线路上流过的短路电流}} \tag{5-26}$$

在图 5-8 中，整定配合点 M 处的分支系数为

$$k_b = \frac{I_{2.M}}{I_{1.M}} = \frac{I'_{set.2}}{I_{1.M}} \tag{5-27}$$

代入式（5-25）可得

$$I''_{set.1} = \frac{k''_{rel}}{k_b} I'_{set} \tag{5-28}$$

与未接入分布式电源的电流整定公式相比，式（5-28）在分母中多了一个大于 1 的分支系数的影响。

（3）过电流保护。过电流保护属于三段式电流保护的第三段，也被称为前两段保护的近后备保护。其动作电流的设定是在考虑最大负荷电流的基础上乘以一个可靠系数而获得的；动作时间的设定与保护方式有关。过电流保护一般又可分为定时限与反时限两大类。定时限过电流保护的动作时间为确定值；而反时限过电流保护的动作时间与电流幅值有关，两者呈反比关系。

（4）方向电流保护。

①双侧电源系统正方向电流规定。分布式电源的接入使配电网潮流方向增加了不确定性，会给保护的动作整定值确定带来一定困难。现以双电源供电系统为例进行分析。在实际的供电系统中，引起保护误动作的短路电流方向为线路指向母线，为避免多电源供电系统中三段式电流保护的无选择性动作，需要增设一个

电流方向闭锁元件。其主要功能为：若判断故障电流方向由母线指向线路时启动保护；相反，当短路电流方向由线路指向母线时闭锁保护。双侧电源电流方向保护的原理如图 5-9 所示。

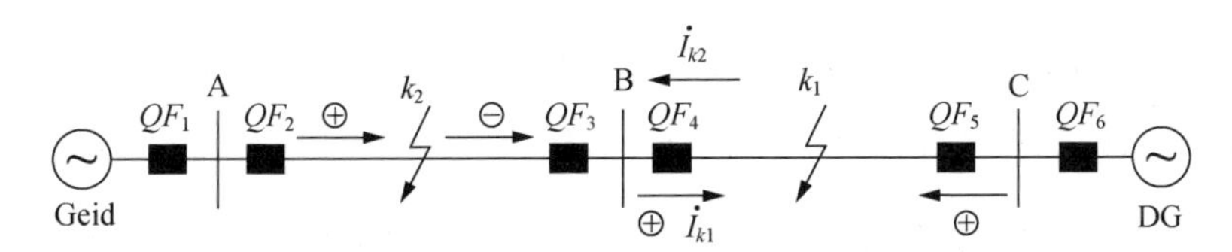

图 5-9 双侧电源电流方向保护的原理

②功率方向判别方法。若规定引起保护动作的电流由母线指向线路为正，如图 5-9 所示中对保护 4 而言，当正方向 k_1 点三相短路时，流过保护 QF_2 的短路电流为 I_{k1} 滞后 B 母线上的电压 U 一个相角 φ_{k1}（φ_{k1} 为 B 母线到 k_1 故障点处的线路阻抗角），且 $0° < \varphi_{k1} < 90°$，如图 5-10（a）所示。当反方向 k_2 点故障时，通过保护 QF_4 的短路电流由分布式电源供给，此时流过保护 QF_4 的电流是 $-I_{k2}$，滞后于 B 母线电压 $\dot{U}$ 的相位角将是 $180°+\varphi_{k2}$（φ_{k2} 为 B 母线到 k_2 故障点处的线路阻抗角），且 $180° < 180°+\varphi_{k2} < 270°$，如图 5-10（b）所示。若以母线 B 的电压 $\dot{U}$ 作为参考相量，并设 $\varphi_{k1} = \varphi_{k2} = \varphi_k$，则流过保护安装处的电流在以上两种情况下相位互差 180°。

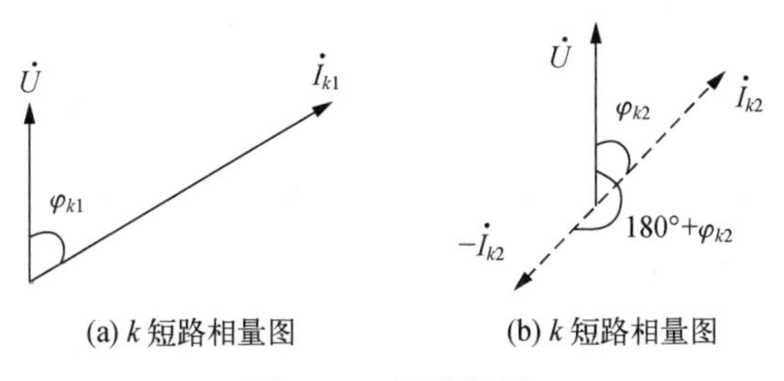

图 5-10 短路相量

因此，通过判别短路功率的方向或短路后电流、电压之间的相位关系，就可以判别发生故障的方向。

二、微电网保护策略

微电网保护策略既要解决微电网接入对传统配电系统保护带来的影响，又要满足微电网离网运行对保护提出的新要求。微电网中多个分布式发电及储能装置的接入，改变了配电系统故障的特征，使故障后电气量的变化变得十分复杂，传统的保护原理和故障检测方法受到影响，可能导致无法准确地判断故障的位置。微电网保护策略是保证分布式发电供能系统可靠运行的关键。微电网既能并网运行又能孤岛运行，其保护与控制将变得十分复杂。从目前分布式发电供能系统的运行实践来看，微电网的保护和控制问题是微电网关键技术之一。在微电网概念引入之前，接入的分布式发电不允许离网运行，即采用孤岛保护的策略，要求接入的逆变器除了具有基本保护功能外，还应具备防孤岛保护的特殊功能，系统故障时主动将分布式发电退出。主要的保护策略是：

（1）配电网故障时主动将分布式发电退出，使传统配电网的保护不受任何影响。

（2）限制 DG 的容量与接入位置，配电网不做调整。

（3）采用故障电流限制措施，如故障限流器，使故障时 DG 影响最低，配电网不做调整。

微电网接入后要求既能并网运行又能离网运行，其基本要求是：

（1）在并网运行时，微电网内部若发生故障，微电网保护应可靠切除故障。例如，低压配电网电气设备发生故障时，低压配电网的保护应确保故障设备切除，微电网系统继续安全稳定地并网运行。

（2）微电网外部的配电网发生瞬时故障，配电网的保护应快速动作，配电网保护切除故障，微电网继续并网运行。

（3）微电网外部的配电网电源，微电网的孤岛保护工作，微电网与配电网必须断开，确保微电网离网运行。

（4）离网运行时，若发生微电网内部故障，微电网保护应可靠地切除故障，离网运行的微电网继续安全地离网运行。

（5）微电网外部的配电网电源恢复，微电网恢复并网运行。

第三节　短路故障时逆变电源输出特性

分布式电源逆变器导通时，阻抗较小，一般可以忽略，即使串联平波电抗后电抗值也较同步发电机小很多。同步发电机工作过程中已经存储了一定的动能和定转子之间的磁场能，若运行状态改变，尤其是外部短路时，往往会有较长的暂态延时过程，部分机型暂态时间常数大于 1 s。而逆变器在进行能量分配过程中，由于控制系统响应速度加快，暂态时间缩短，故障电流可能在较短的时间内发生急剧增大，因此逆变电源自身阻碍短路电流的能力远小于普通发电机。为此采用逆变电源设计的控制系统往往要增加电流限幅措施，以便有效地保护电力电子器件的安全可靠运行。可见，含逆变电源的分布式系统与传统发电机的工作原理差别较大，分布式电源的工作特性主要取决于电力电子逆变器本身。

一、PQ 控制模式下逆变电源的输出特性

PQ 控制的目的是使分布式电源输出受指定功率控制，但并不具备支撑系统电压与频率恒定的功能。现以图 5-11 为例对单独供电的逆变型分布式电源（Inverter Interfaced Distributed Generator，IIDG）输出的有功功率做进一步分析。

在图 5-11 中，IIDG 出口电压为U_s，Z_1和Z_2分别为线路与负荷等值阻抗，U、I为保护安装处的电压与电流。下面针对几类分布式电源典型控制策略进行故障特性分析。

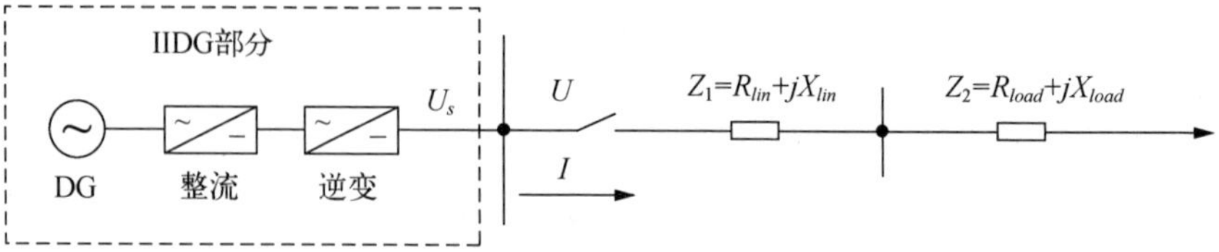

图 5-11　分布式电源逆变器故障等效电路

（一）三相（对称）短路故障

三相短路属于对称短路，因此在计算短路电流时可采用单相进行。系统正常工作时，IIDG 输出的功率可表示为

$$S = \sqrt{3} I^2 (Z_1 + Z_2) \tag{5-29}$$

线路末端发生三相直接短路故障时，逆变器出口的有功功率、电压以及电流的关系为

$$S = \sqrt{3} U_k I_k \tag{5-30}$$

故障后负荷阻抗被短接，系统参数发生一系列的变化：总阻抗减小，故障电流变大，电压降低，电压、电流幅值将由故障前的额定值变为故障值，且故障点距离电源越近，故障点电压降低得越多。由于 PQ 控制过程是使功率输出保持恒定，因此要求逐渐增大输出电流 I_k，直至电流达到逆变器输出要求的上限为止。也就是说，当逆变电源系统发生三相短路故障时，基于 PQ 控制策略的输出特性可分为两种情况：

（1）当实际电流未达到逆变器输出电流上限（$I_k < I_{max}$）时，分布式逆变电源对外表现为一个恒功率电源，但输出端口电压随故障电流的增大而减小。

（2）当实际电流已达到逆变器输出电流上限（$I_k < I_{max}$）时，分布式逆变电源对外表现为一个恒流源。当故障电流增大到逆变器的极限要求时，输出电流将因受到保护而闭锁。

因此，在分析逆变器故障输出时要更多地关注逆变器输出为恒功率电源的情况。

（二）不对称短路故障

类似地，可以分析不对称短路故障逆变电源的输出特性。由式（5-16）~式（5-23）可知，单相接地故障的正序、负序及零序电流相等，而故障电流为正序电流的 3 倍；两相短路时无零序分量，但正序分量与负序分量幅值相等、相位相反，故障相电流为正序分量的 $\sqrt{3}$ 倍；两相接地短路的故障电流也有不同程度的增大（主要取决于序阻抗幅值的大小）。总之，发生不对称故障后，故障电流均有增大现象，采用 PQ 控制可以保证逆变电源输出的功率恒定。

二、V/f 控制模式下逆变电源的输出特性

由约束方程可知，V/f 控制模式的逆变电源输出功率具有较大的调节范围，它不仅可以提供有功功率，而且可以补偿无功功率。V/f 控制模式下逆变电源主要运行于以下两种稳定状态：

（1）恒定电压状态，逆变电源的输出应该满足如下条件：

$$\begin{cases} IZ_k = U_{ref} \\ I < I_{\max} \end{cases} \tag{5-31}$$

可以证明此时逆变电源输出功率与输出电流均在可控范围之内，能够实现功率缺额的补充控制，保证公共点电压、频率不变。例如，当采用 V/f 控制策略的分布式电源在距离较远处发生故障，而故障电流也未达到电源输出极限要求时，逆变电源输出的电压和频率都可以维持在设定值。

（2）恒定电流状态，逆变电源的输出应该满足如下条件：

$$\begin{cases} IZ_k < U_{ref} \\ I = I_{\max} \end{cases} \tag{5-32}$$

可以证明此时逆变电源输出电流已经达到极限水平，不可能补偿系统功率缺额，导致电源输出功率与负荷所需功率的严重失衡，系统不可能稳定运行，甚至

可能出现电压或频率的崩溃现象。

一般而言，距电源越近的短路故障越容易使逆变器进入恒流状态。因此，采用恒压/恒频控制策略的分布式电源应当满足容量较大和功率输出可控等基本要求，例如，各种类型的储能设备以及燃气轮机或柴油发电机等都可以应用恒压/恒频控制模式。

第四节 双制动特性及功率检测的纵向保护

传统三段式电流保护与阻抗保护适合中低压电网的故障保护，其原理是根据保护安装处的电流、电压信息获得保护的动作参考值来实现保护。为了满足保护的选择性与可靠性等基本要求，保护的设定值往往考虑一定的裕量，这会使保护出现一定的盲区和延时现象。利用被保护设备两端的电量信息进行比较设置的保护可以快速、可靠区分本线路内部任意点短路与外部短路故障，达到有选择地切除故障的目的。纵联差动保护适合多电源构成的复杂网络系统。纵联差动保护的动作几乎无延时，对故障电流的大小也没有特别要求，比较适合双侧电源或多侧电源的线路保护。

一、故障电流的方向确定方法

保护区域内部发生故障时，保护两端的电流或功率方向一致，电流幅值大小由故障点与电源之间的距离决定。而保护区域外部发生故障或者系统正常运行时，电流或功率方向相反，电流幅值大小相同。双侧电源线路内、外故障保护原理如图 5-12 所示，故障动作的判定方法见表 5-3。

图 5-12 双电源系统内、外故障保护原理图

表 5-3 两端电流相量和

区内故障	区外故障或正常运行
$\sum\dot{I}=\dot{I}_A+\dot{I}_B=\dot{I}_k$	$\sum\dot{I}=\dot{I}_A+\dot{I}_B=0$

二、双制动特性的导引线电流环流原理

由于微电网选址建厂一般靠近负荷，所以输电线路也不会太长。纵联差动保护的 4 种通信方式中，导引线方式具有结构简单、可靠性高、成本低廉等特点。本次设计拟选带制动特性的环流式纵联差动保护方案，其工作原理如图 5-13 所示。

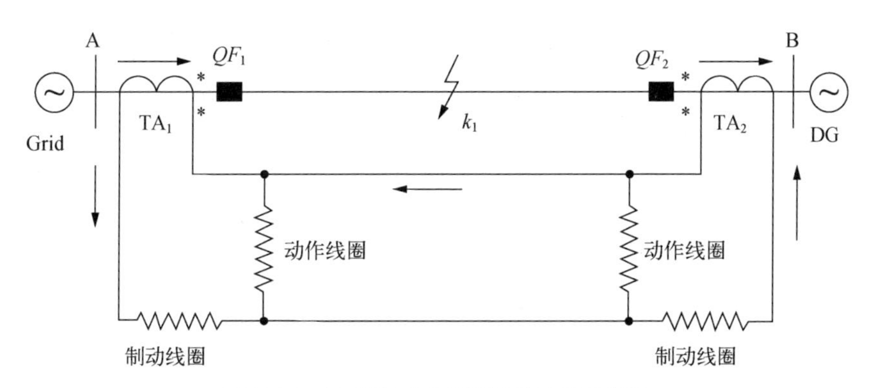

图 5-13 导引线环流式纵联差动保护原理

线路两侧电流互感器的同极性端子经导引线连接起来。在模拟式保护中两端的保护继电器各有两个线圈，动作线圈跨接在两根导线之间，流过两端的和电流决定发出的保护指令功能；制动线圈被串接在导引线的回路中，流过两端的循环电流发挥制动作用。当继电器的动作作用大于制动作用时，保护动作。在正常运行或外部故障时，被保护线路两侧电流互感器的同极性端子的输出电流大小相等而方向相反，动作线圈中没有电流流过，即处于电流平衡状态，此时的保护不动作。

三、线路与负荷故障保护建模

采用大型商业化仿真软件 PSCAD/EMTDC 搭建的保护模型（限于软件原因，图中各量的表示与书中其他地方有区别）。该模型参考内蒙古电力科学院投用的微电网发电系统，主要内容为光伏发电系统、风力发电系统、超级电容储能、蓄电池储能并离网的纵联差动保护以及充电桩和常用负荷的反时限过电流保护。

大电网经 10 MV · A 容量 10/0.4 kV 降压变连接于母线。连接开关 BRK 可控制微电网的并网与孤岛运行模式。分布式电源及负荷共分 5 个回路：第一回路为光伏发电系统，光伏发电采用 MPPT 跟踪方式控制，仿真内容为线路三相对称短路，纵联差动继电器采集断路器两侧的电流以及相位信息，并比对启动预设门槛电流以获得输出保护信号；第二回路为风力发电系统，可实现桨距调节和偏航控制，尽可能地提高风能利用效率，仿真内容为单相接地短路；第三、第四回路连接两类储能设备，仿真内容为两相短路及两相接地短路故障；第五回路为负荷供电回路，连接微电网供电的终端设备，所以保护策略采用反时限过电流方案。

参考文献

陈燕东，罗安，谢三军，2012. 一种无延时的单相光伏并网功率控制方法[J]. 中国电机工程学报，32(25).

段江曼，2012. 微电网的调度策略及经济优化运行[D]. 北京：北京航空航天大学.

顾伟，楼冠男，柳伟，2019. 微电网分布式控制理论与方法[M]. 北京：科学出版社.

黄文焘，邰能灵，杨霞，2014. 微网反时限低阻抗保护方案[J]. 中国电机工程学报，34(1).

李丹妮，2020. 微电网孤岛运行特征分析及检测方法研究[D]. 长沙：湖南大学.

李富生，2013. 微电网技术及工程应用[M]. 北京：中国电力出版社.

李一龙，2017. 智能微电网控制技术[M]. 北京：北京邮电大学出版社.

刘学岗，2018. 分布式能源与微电网[M]. 北京：九州出版社.

吕振宇，吴在军，窦晓波，等，2016. 自治直流微电网分布式经济下垂控制策略[J]. 中国电机工程学报，36(4).

吕志鹏，盛万兴，刘海涛，等，2017. 虚拟同步机技术在电力系统中的应用与挑战[J]. 中国电机工程学报，37(02).

彭寒梅，曹一家，黄小庆，等，2015. 基于时变通用生成函数的孤岛运行模式下微电网可靠性评估[J]. 电力系统自动化，10(39).

苏剑，刘海，2015. 分布式电源与微电网并网技术[M]. 北京：中国电力出版社.

孙数娟，2012. 多能源微电网优化配置和经济运行模型研究[D]. 安徽：合肥工业大学.

孙孝峰，杨雅麟，赵巍，等，2014. 微电网逆变器自适应下垂控制策略[J]. 电网技术，38(9).

唐志军，邹贵彬，高厚磊，等，2014. 含分布式电源的智能配电网保护控制方案[J]. 电力系统保护与控制，42(8).

王成山，许洪华，2016. 微电网技术及应用[M]. 北京：科学出版社.

王成山，2013. 微电网分析与仿真理[M]. 北京：科学出版社.

余运俊，衷国瑛，万晓凤，等，2018. 基于遗传算法及 BP 神经网络的混合孤岛检测方法[J]. 可再生能源，36(5).

张继红，贺智勇，李华，等，2015. 基于孤岛模式的双储能微电网下垂协调控制及仿真[J]. 太阳能学报，29(1).

张继红，2018. 微电网控制理论及保护方法[M]. 西安：西安电子科技大学出版社.

张建华，黄伟，2010. 微电网运行控制与保护技术[M]. 北京：中国电力出版社.

张沛超，陈琪蕾，李仲青，等，2018. 具有增量学习能力的智能孤岛检测方法[J]. 电力自动化设备，38(5).

赵胜武，2011. 风光柴储独立微电网的设计与实现[D]. 湖南：湖南大学.

周洁，罗安，陈燕东，等，2014. 低压微电网多逆变器并联下的电压不平衡补偿方法[J]. 电网技术，38(2).

周星池，2019. 分布式发电并网系统非计划性孤岛检测方法研究[D]. 武汉：华中科技大学.

J. TAO, et a1, 2018. An Advanced Islanding Detection Strategy Coordinating the Newly Proposed V Detection and the ROCOF Detection[J]. IEEE Innovative Smart Grid Technologies-Asia (ISGT Asia), Singapore,1204-1208.

JIA, K, et al, 2017. An Islanding Detection Method for Multi-DG Systems Based on High-Frequency Impedance Estimation[J]. IEEE Trans On Sustainable Energy, 8(1): 74-83.

R. BEKHRADIAN, et al, 2019. Novel Approach for Secure Islanding Detection in Synchronous Generator Based Microgrids[J]. IEEE Transactions on Power Delivery, 34(2): 457-466.

WANG, LIEN, 2019. Development of hybrid ROCOF and RPV method for anti-islanding protection[J]. Journal of the Chinese Institute of Engineers, 42(7).